3D 打印技术

周伟民　闵国全　编

科学出版社

北京

内 容 简 介

近年来，3D打印技术发展迅猛，在全球掀起一股新浪潮。本书系统地介绍了3D打印技术的发展史、主流打印技术、相关工艺、打印耗材、装备商、服务商及应用领域等。

全书共10章，第1章阐述了3D打印技术的研究现状；第2章介绍了3D打印前处理工艺，即3D建模与数据处理；第3章主要介绍了目前几种主流的3D打印技术（SLA、SLS、FDM、3DP、DLP、LOM等）；第4章介绍了国内外知名的3D打印装备商；第5章介绍了3D打印材料特点；第6章介绍了国内外知名3D打印服务公司和网站；第7～10章分别阐述了3D打印技术在医学、航空航天、汽车家电以及文化创意领域的应用。

本书内容丰富，几乎涵盖了3D打印技术的各个方面，可作为高等院校、中职院校、技校等3D打印、快速成型技术及应用等相关课程的教材及培训教材，也可作为广大工程技术人员的参考资料。

图书在版编目(CIP)数据

3D打印技术 / 周伟民，闵国全编 . —北京：科学出版社，2016.5
ISBN 978-7-03-048239-6

Ⅰ.①3… Ⅱ.①周…②闵… Ⅲ.①立体印刷-印刷术 Ⅳ.①TS853

中国版本图书馆 CIP 数据核字（2016）第 094955 号

责任编辑：刘宝莉 张晓娟 / 责任校对：桂伟利
责任印制：徐晓晨 / 封面设计：左 讯

科 学 出 版 社 出版
北京东黄城根北街 16 号
邮政编码：100717
http://www.sciencep.com

北京厚诚则铭印刷科技有限公司 印刷
科学出版社发行 各地新华书店经销
*
2016 年 5 月第 一 版 开本：720×1000 1/16
2019 年 5 月第四次印刷 印张：11
字数：217 000
定价：**80.00 元**
（如有印装质量问题，我社负责调换）

序

2012 年 4 月，英国《经济学家》杂志发表了"第三次工业"的封面文章，在世界范围内掀起了 3D 打印热潮。3D 打印技术与数字技术、材料技术、控制技术等将推动以实现智能化为特征的新产业革命，3D 打印的产品已经被广泛运用到医学、航空航天、汽车、家电、模具、珠宝、文化创意等领域，或将更彻底地改变我们的生活。3D 打印技术无论是对生产制造技术本身，还是对人类生产关系，都是一个巨大的变革——它是一个具有划时代意义的新技术。

2012 年，上海产业技术研究院围绕国家战略和上海市产业发展重大需求，确立了"EIBM"四大专业板块领域，即绿色能源、数字服务、生物医学、智能制造和新材料。建立了研发类、中试类、服务类、示范类等 12 个产业共性技术研发和创新服务平台。内容涵盖研发、中试、检测、咨询等专业服务方向，涉及 3D 打印、生物医学转化、智能交通、大数据、半导体照明、环保节能、RFID 和集成电路等 20 多个专业领域。围绕创新"第三方"的要求，突出开放创新、服务产业的理念，实施"智囊、平台、桥梁、枢纽"四个功能的能力建设。

3D 打印研发服务平台是上海产业技术研究院所确定的产业共性技术研发和创新服务平台之一，重点培育拓展 3D 打印市场需求，从全产业链角度，构建集高端研发、技术平台、集聚企业、网络创意、教育培训、会展传媒"六位一体"的具有国际影响力的创新基地。以孵化"四新"企业，形成企业发展和专业技术支撑良性滚动的创新生态。当前，上海正在打造全球科技创新中心，而科技创新的先进理念和全民的科技创新意识及创新素养是具有全球影响力的科技创新中心的特质之一，而这必须通过科普工作推动来实现。因此，3D 打印创新技术必定会助力于上海科技创新中心的建设。

　　本书是一本有关 3D 打印的简单易懂的读物，是非常适合青少年全面了解 3D 打印技术的一本有益的参考读物。此外，对技术爱好者、企业家、科技工作者等，也是一本有价值的参考用书。

钮晓鸣

上海产业技术研究院　院长

上海科学院　院长

前　　言

2012 年，英国《经济学人》杂志提出 3D 打印将"与其他数字化生产模式一起推动实现第三次工业革命"，由此引起了 3D 打印的热潮。美国政府将人工智能、3D 打印、机器人作为重振美国制造业的三大支柱，其中 3D 打印是第一个得到政府扶持的产业。

3D 打印技术成为一种可能颠覆工业的新技术，以及各国在抢占全球科技和产业上的热点之一。3D 打印技术已经嵌入到工业的整个流程，包括工业设计、工程设计、模具设计、医学健康、艺术展示等，成为推动信息化与工业化两化融合的重要推手，是促进产业升级和自主创新的推动力。

为了提高大众对 3D 打印技术的认知度，作者结合从事 3D 打印技术的切身体会，编写了本书，旨在让读者快速了解 3D 打印行业。本书简明扼要地介绍了 3D 打印的基本概念、打印技术的种类、打印设备和材料以及相关的应用等内容。可以作为读者了解 3D 打印技术的一本科普读物，也可作为各行专家了解 3D 打印技术的一本有益的参考书。

全书共 10 章：第 1 章由周伟民和李小丽执笔，第 3 章由马劲松执笔，第 2、4~6、9 章由周伟民执笔，第 7 章由柴岗、林力、Andy、辛宇、王萍、张艳、许枫共同撰写，第 8 章由王联凤和时云执笔，第 10 章由陈一介执笔，黄萍和陈伟琦参与了书中部分内容的材料收集和整理工作，最后由周伟民对全书进行统稿。

本书在编著过程中得到了上海市纳米科技与产业发展促进中心费立诚副主任和各位同事的指导和帮助，在出版过程中，还得到上海科学院副院长鄢国强的支持，在此一并表示感谢。本书所采用的部分图片等资料，为某些公司、网站或个人所有，在书中仅作为例子用来阐述 3D 打印技术，在此，对其辛勤劳动表示衷心感谢。本书的出版受到上海轻工协会的资助，在此表示感谢。

由于作者水平有限，对有些问题的理解还不够深入，加上 3D 打印技术的飞速发展，书中难免存在不足之处，敬请读者批评指正。

作　者

2015 年 7 月于上海

目　　录

第 1 章 绪 论

1.1 3D 打印技术与第三次工业革命

2012 年 4 月,英国著名杂志《经济学人》发表了关于工业革命的专题报告(图 1.1),该报告指出全球工业正在经历第三次工业革命,与以往不同的是,本次革命将对制造业的发展产生巨大影响,其中一类最重要的新技术就是 3D 打印技术。该技术与数字技术、新材料技术、人工智能以及新型协同生产服务的融合,使得人们能以更低的劳动力成本灵活地生产定制式产品,从而使得大规

图 1.1 《经济学人》的杂志封面文章"第三次工业革命"

模的个性化生产成为可能。3D 打印技术被视为推动人类第三次工业革命的新技术,由此 3D 打印技术的研究热潮迅速席卷全球。美国《时代》周刊将 3D 打印列为"美国十大增长最快的工业"。在"制造业回归"的大背景下,奥巴马宣布创立美国"制造创新国家网络"计划,成立 15 个制造创新网络,投资 10 亿美元。经过 5 个多月的论证,选定了将 3D 打印作为第一个中心的研究方向,3D 打印从此被提到美国国家战略的高度。此后,包括《纽约时报》在内的多家美国媒体持续就 3D 打印技术的新进展及应用进行了报道,"3D 打印技术"这个名词迅速被普及并为人们所熟知。

　　2014 年,著名咨询公司麦肯锡发布了一项决定 2025 年经济发展的 12 大颠覆技术报告,3D 打印技术就名列其中,图 1.2 是麦肯锡列举的颠覆性技术及其潜在的经济影响程度。

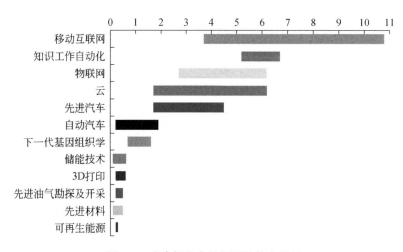

图 1.2　麦肯锡发布的颠覆性技术图示

　　工业革命的发展,促进人类的文明与进步。历史学家 Leften Stavros Stavrianos 教授认为,人类历史上共发生了两次工业革命:第一次大致发生在 18 世纪 80 年代,第二次始于二战前后。未来学家 Jeremy Rifkin 认为工业革命可以划分为三次:第一次是 19 世纪,蒸汽动力与印刷术相结合产生了蒸汽印刷机,并代替了手工印刷,此时,城市核心区和工厂大量出现,生产方式是集中式的;第二次是 20 世纪第一个 10 年,电视、电话、广播技术的出现以及石油、电力等新能源得到使用,城郊房地产业及工业区繁荣发展,生产方式仍然是集中式的;第三次是 20 世纪 90 年代中期,互联网和可再生能源出现了,两者的结合催生新一轮产业革命。以互联网为代表的分散式生产方式将引发一系列产业变革。经济学家则认为每一次工业革命都是生产模式的变革;第一次工业革命是推动人类从农业文明走向工业文明,生产方式从工场手工业转向机器工业;第二次工业革命是从机器工业转向大机器工业,大规模流水线生产成为主导。当前,我们正在经历信息技术与制造业的深度融合以及新能源、新材料、生物技术、空间技术等方面的突破,由此而引发的新一轮产业变革,即为第三次产业革命。表 1.1 为三次工业革命主要成就、特点和影响的比较。

表 1.1　三次工业革命的比较

工业革命	第一次工业革命	第二次工业革命	第三次工业革命
主要成就	珍妮纺纱机 瓦特改良蒸汽机 富尔顿汽船、斯蒂芬孙机车	电的广泛应用 内燃机和新交通工具 电讯事业	原子能、航天技术 电子计算机 人工合成材料 分子生物学和遗传工程
特点	科学与技术尚未真正结合,主要发生在英国,其它国家发展进程相对缓慢;主要在轻工业部门	科学与工业生产紧密结合;同时发生在资本主义国家,规模广,发展迅速;一些国家两次工业革命交叉进行;主要在重工业部门	科学与技术紧密集合;科学技术转化为直接生产力速度加快;科学技术各个领域间相互渗透,高度分化又高度综合
影响	极大提高生产力;社会日益分化成两大对立阶级;经济结构改变,开始城市化进程	生产力迅猛发展;垄断与垄断组织形成;主要资本主义国家进入帝国主义阶段;殖民侵略进入资本输出时期;政治经济发展的不平衡加剧;世界力量对比格局加剧	极大推动生产力,提高劳动效率手段;改变经济和社会结构改变,第三产业比重上升;推动国际经济格局调整,扩大了发达国家与发展中国家经济差距

1.2　3D 打印技术

什么是 3D 打印? 所谓 3D 打印就是快速成型技术(rapid prototyping,RP)

或者增材制造(additive manufacturing,AM)的俗称。与传统的"减材制造"技术不同,3D打印技术是一种不再需要传统的刀具、夹具和机床就可以打造出任意形状物件的制造技术。它是根据零件或物体的三维模型数据,通过软件分层离散和数控成型系统,利用激光或紫外光或热熔喷嘴等方式将金属粉末、陶瓷粉末、塑料以及细胞组织等特殊材料进行逐层堆积黏结,最终叠加成型,制造出实物模型。3D打印技术可以自动、快速、直接和精确地将计算机中的设计模型转化为实物模型,甚至可以直接制造零件或模具,从而有效地缩短加工周期、提高产品质量并减少约 50%制造费用。表 1.2 是传统的减材制造和增材制造的特性比较。

表 1.2　增材制造与减材制造的特性比较

特性	减材制造	增材制造
基本技术	削、钻、铣、磨、铸、锻	FDM、SLA、SLS、LOM、3DP 等
核心原理	—	分层制造、逐层叠加
适用场合	大规模、批量化;不受限	小批量、造型复杂
适用材料	几乎所有材料	塑料、光敏树脂、金属粉末等(受限)
材料利用率	相对低	理论上是 100%
应用领域	广泛不受限制	原型、模具、终端产品等
构件强度	较好	有待提高
产品周期	相对较长	短
智能化	不容易	容易实现

3D打印技术的发展起源可追溯至 20 世纪 70 年代末到 80 年代初期,美国3M 公司的 Alan Hebert、日本的小玉秀男、美国 UVP 公司的 Charles Hull 和日本的丸谷洋二等各自独立地提出了这种概念。1986 年,Charles Hull 率先推出光固化方法(stereo lithography apparatus,SLA),这是 3D 打印技术发展的一个里程碑。同年,他创立了世界上第一家 3D 打印设备的 3D Systems 公司,并于 1988 年生产出了世界上第一台 3D 打印机 SLA-250。1988 年,美国人Scott Crump 发明了另外一种 3D 打印技术——熔融沉积制造(fused deposition modeling,FDM),并成立了 Stratasys 公司。目前,这两家公司是仅有的两家在纳斯达克上市的 3D 打印设备制造企业。1989 年,Dechard 发明了选择性激光

烧结法(selective laser sintering, SLS),利用高强度激光将材料粉末烧结直至成型。1993年,麻省理工大学 Emanual Sachs 教授发明了一种全新的3D打印技术,这种技术类似于喷墨打印机,通过向金属、陶瓷等粉末喷射黏接剂的方式将材料逐片成型,然后进行烧结制成最终产品。其优点为制作速度快、价格低廉。随后,Z Corporation 公司获得麻省理工大学的许可,利用该技术生产3D打印机,"3D打印机"的称谓由此而来。表1.3是3D打印技术的发展历程。

表1.3　3D打印发展简史

时间/年	技术与产品	公司
1977	Swainson 提出可以通过激光选择性照射光敏聚合物的方法直接制造立体模型	—
1984	Chuck Hull 发明将三维立体模型成型技术	—
1986	Chuck Hull 发明立体光刻工艺; Chuck Hull 制造出世界上第一台商业3D印刷机	美国3D Systems 公司成立
1988	FDM 技术; 全球第一台基于 SL 技术的3D工业打印机 SLA-250	美国 Stratasys 公司成立
1989	SLS 技术	德国 EOS 公司成立
1991	叠层法快速成型系统	—
1992	Stratasys 推出第一台基于 FDM 技术的3D工业级打印机; DTM 推出首台 SLS 打印机	—
1993	Emanual Sachs 发明三维印刷技术(3DP)	—
1995	—	Z Corporation 公司成立
1996	3D Systems、Stratasys、Z Corp 分别推出三款3D打印机; 第一次使用"3D打印机"的称谓	—
1997	3D打印的耳朵成功移植在老鼠背上	—
1998	LENS 激光烧结技术	—
1999	3D Systems 推出 SLA 7000	—
2000	Object 更新了 SLA 技术,大幅度提高制造精度	—
2001	Solido 开发出第一代桌面级3D打印机,首例3D打印颅骨修复手术	3D Systems 收购 DTM Corp

时间/年	技术与产品	公司
2002	Stratasys 推出 Dimension 系列桌面级 3D 打印机,世界上第一个使用 3D 打印制造的肾脏诞生	—
2003	DMLS 激光烧结技术	—
2005	Z Corporation 公司开发出世界上第一台高精度彩色 3D 打印机	—
2007	—	3D 打印服务创业公司 Shapeways 成立
2008	第一台开源的桌面级 3D 打印机 RepRap 发布	—
2009	Makerbot 出售 DIY 套件,个人 3D 打印机兴起;3D 打印出第一条人造血管	—
2010	全球第一辆 3D 打印汽车 Urbee	—
2011	第一台 3D 巧克力打印机	3D System 收购 Z Corp 公司和著名的 Kemo 设计公司
2012	第一台 SLA 个人 3D 打印机	Stratasys 公司与以色列的 Object 公司合并
2013	液态金属用于 3D 打印; 3D Systems 推出打印彩色最多的 3D 打印机; 3D 打印金属手枪	Stratasys 收购 Makerbot
2014	ROKIT 公司发布全球首款能打印高强度工程塑料的桌面 3D 打印机; 首次将干细胞用于 3D 生物打印; 首次将 3D 打印钛合金假体肩胛骨和锁骨应用临床; 首款 3D 打印食用级食品问世	—
2015	海尔发布全球首款 3D 打印空调; 首款可打印衣装的纤维 3D 打印机 Electroloom 问世	—

1.3　国外发展

作为全球著名的打印设备公司,Stratasys 打印产品包含工程塑料产品和光敏树脂材料产品,其设备价格从 10 万元人民币到 600 万人民币不等,可以满足绝大多数客户的需求;3D Systems 公司产品线也非常丰富,价格从几千元到上百万元不等。

根据美国技术咨询服务协会 Wohlers Associates 发布的 2014 年度报告,2013 年全球 3D 打印产品和服务市场增长了 34.9%,达到 30.7 亿美元,对比过去 26 年平均每年 27% 的增长率,当前该技术的市场渗透度(market penetration)为 8%。因此,该报告保守估计 3D 打印市场机会为 214 亿美元;乐观者则认为当前市场渗透度仅为 1%,从而 3D 打印市场机会为 1700 亿美元。目前,3D 打印技术市场的年增长率为 29.4%。据预测,该行业的市场规模到 2015 年将达 37 亿美元,到 2019 年将增长到 65 亿美元(图 1.3)。

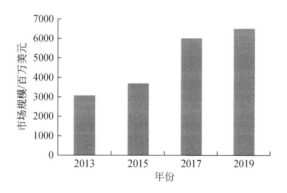

图 1.3　3D 打印技术市场规模

如图 1.4 所示为 3D 打印技术市场规模。从行业分布看,目前消费电子领域仍然占主导地位,约占 20.3%;汽车领域约占 19.5%;医疗和牙科领域约占

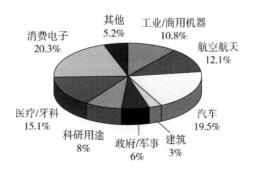

图 1.4　3D 打印技术市场规模(行业分布)

15.1%;工业/商业机器领域约占 10.8%;航空航天领域为 12.1%。图 1.5 显示了 3D 打印技术主要应用功能的分布比例。

图 1.5　3D 打印技术应用分布

当前,欧洲、美洲和亚洲成为 3D 打印设备的主要需求市场。从所占市场份额来看,2011 年欧洲地区占 29.1%,北美地区占 40.2%,亚洲地区占 26.3%,其他地区占 4.4%(图 1.6)。其中,亚洲地区的应用主要集中在日本和中国,日本占亚洲地区应用的 38.7%,中国占亚洲地区应用的 32.9%。美国是 3D 打印设备安装量的第一大国,日本位于第二,德国和中国分别位居第三和第四(图 1.7)。

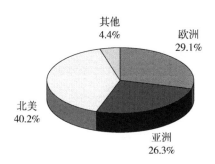

图 1.6　3D 打印设备数量区域分布

整体来看,中国 3D 打印推广相对落后,但是发展潜力巨大。从图 1.7 可以看出,国内的 3D 打印设备拥有量占到全球的 8.6%,与美国和欧洲存在较大的差距,说明此技术在国内应用领域的推广还相对滞后,主要受制于核心部件(如激光器、高精度控制系统等)、材料、软件和创新环境因素制约。

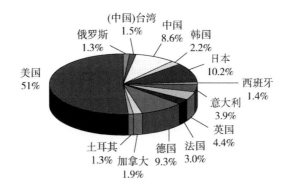

图 1.7　3D 打印设备数量国家(地区)分布

1.4　国内发展

中国的 3D 打印技术起步并不晚,自 20 世纪 90 年代以来,国内多所高校开展了 3D 打印装备及相关材料的自主研发。形成了以清华大学(FDM 技术为主)、西安交通大学(SLA 技术为主)、华中科技大学(SLS 技术为主)、华南理工大学(SLS 技术为主)、北京航空航天大学和西北工业大学(LENS 技术为主)为代表的研究团队。表 1.4 是国内主要的 3D 打印设备公司情况。

表 1.4　国内主要 3D 打印设备公司情况

公司	主要产品与技术工艺
上海联泰	SLA 设备
北京太尔时代	生产 FDM、SLA 成型设备;光敏树脂和 ABS 塑料的打印材料
北京殷华	LOM、SLA 设备
武汉滨湖机电	SLS、MC 设备
西安恒通	SLA 设备及材料
上海富奇凡	FDM、SLS 等设备
中科院广州电子技术有限公司	SLA 成型技术的设备
盈普光电	SLS 设备
南京紫金立德	FDM 设备

华中科技大学快速成型中心自 1991 年开始快速成型技术的研究,目前在此领域已获得 30 余项专利,在国内快速成型制造工艺方面有绝对优势,并已推

出了 HRP 系列成型机和成型材料。1994 年成功地开发出我国第一台快速成型设备,2001 年获得国家科技进步二等奖,2011 年获国家技术发明二等奖并入选中国十大科技进展。由华中科技大学转化技术成立的武汉滨湖机电技术产业有限公司已销售了 200 多台打印设备。

以卢秉恒院士领衔的西安交通大学快速制造国家工程中心团队开展了以 SLA 技术为主的设备开发。SLA 技术是第一个投入商业应用的 3D 打印技术,目前全球销售的 SLA 设备约占 3D 打印设备总量的 78%。在此团队基础上成立的陕西恒通智能机器有限公司,主要研制、生产和销售各种型号的激光快速成型设备(SPS 系统激光和 SCPS 紫外光快速成型机)、自主开发的光敏树脂材料以及快速模具设备,同时从事快速原型制作、快速模具制造以及逆向工程服务。公司产品销售近 300 台,应用并服务于高校和汽车电器类企业等,近年来已在部分城市(宁波、常州、青岛、营口等)成功开展了产学研结合的推广基地和示范中心等项目。

西北工业大学凝固技术国家重点实验室自 1995 年开创性发展了选择性激光熔化技术(selective laser melting,SLM),专注于金属材料的打印和金属构件的修复再制造,已研制出具有自主知识产权的系列激光打印和修复再制造装备,在国内首先实现商业化,并应用于航空航天重点型号,解决了国家高新工程中一大批急迫的技术难题,为满足航空航天领域不断提升的制造技术要求提供了新的设计和制造工艺。

西北有色金属研究院专注电子束熔化烧结(electron beam selective melting,EBSM)打印技术,采用等离子旋转雾化和气雾化法制备了适用于激光、电子束等高能量打印用的球形钛合金粉末,可用于制造高性能复杂零件。

中航工业北京航空制造工程研究所(625 所)的高能束流加工技术国防科技重点实验室开展以高能量密度束流(电子束、激光、离子束等)为热源与材料作用的 3D 打印专用技术开发。

北京航空航天大学从 2000 年开始攻关,在 5 年时间里突破了钛合金等高性能金属结构件激光快速成型关键技术及关键成套工艺装备技术,制造出了 C919 大型客机机头工程样件所需的钛合金主风挡窗框,使我国跻身于国际上少数几个全面掌握这项技术的国家行列,并成为继美国之后世界上第二个掌握飞机钛合金结构件激光快速成型技术并装机应用的国家。

　　湖南华曙高科技有限责任公司由许小曙博士 2009 年回国创立,专攻 SLS 打印技术。SLS 是 3D 打印技术中唯一能面向打印终端产品的技术,涉及打印材料、激光和控制系统等环节。华曙高科既制造设备,又生产材料,还从事终端产品加工服务,是全球唯一一家拥有 SLS 完整产业链的企业。

　　上海联泰科技有限公司开发了光固化成形设备和成形控制系统,已拥有了一定数量的国内外用户。

1.5　3D 打印技术的分类

　　目前应用较多的 3D 打印技术主要包括 SLA、FDM、SLS/SLM 和三维喷印(three dimension printing,3DP)等。表 1.5 是几种主流的 3D 打印技术工艺概况。

表 1.5　3D 打印技术的类型和属性

工艺	成型原理	材料	精度/mm	代表性公司	市场
SLA	使用紫外线,在特定区域内固化液态光敏树脂	液态光敏聚合材料	0.1	3D Systems Envisiontec	成型制造
3DP(Polyjet 材料喷射)	使用喷墨打印头喷射树脂液滴	聚合材料、蜡	0.016	Objet、3D Systems、Solidscape	成型制造 铸造模型
3DP (黏结剂喷射)	使用喷墨打印头喷射树脂液滴	聚合材料、金属、铸造砂	0.1	3D Systems ExOne Voxeljet	成型制造 压铸模具 直接零部件制造
FDM	使用机械喷嘴挤出半熔融材料,喷嘴移动进行堆积成型材料	聚合材料 ABS,Polycarbonate(PC)、Polyphenylsulfone (PPSF)等	0.1	Stratasys	成型制造
SLS/SLM	采用激光或电子束定向烧结(熔化)材料	聚合材料、金属、陶瓷粉末	0.1	EOS、3D Systems、Arcam、Optomec	成型制造 直接零部件制造 修复

工艺	成型原理	材料	精度/mm	代表性公司	市场
LOM	是在片材表面涂覆上一层热熔胶,用热压辊热压片材,使之黏接,再用 CO_2 激光器切割零件截面轮廓	纸、金属	0.1	Fabrisonic、Helisys、Kira	成型制造 直接零部件制造

SLA 技术:该技术以光敏树脂为打印材料,通过计算机控制紫外激光的运动,沿着零件各分层截面对液体光敏树脂逐点扫描,被扫描的光敏树脂薄层产生聚合而固化,而未被扫描到的光敏树脂仍保持液态。当一层固化完毕,工作台移动一个层片厚度的距离,然后在上一层已经固化的树脂表面再覆盖一层新的液态树脂,用以进行再一次的扫描固化。新固化的一层牢固地黏合在前一层上,如此循环往复,直到整个零件原型制造完毕。该方法的特点是精度高、成品表面质量好、材料利用率高,可以成行复杂的零件。

FDM 技术:该技术把丝状的热熔性材料(ABS 树脂、尼龙、蜡等)加热熔化到半流体态,在计算机的控制下,根据截面轮廓信息,喷头将半流态的材料挤压出来,凝固后形成轮廓状的薄层。一层完毕后,工作台下降一个分层厚度的高度再成型下一层,进行固化。这样层层堆积黏结,自下而上形成一个零件的整个实体造型。FDM 成型的零件强度好、易于装配。

SLS 技术:该技术是通过预先在工作台上铺上一层塑料、蜡、陶瓷、金属或其复合物的粉末,激光束在计算机的控制下,通过扫描器以一定的速度和能量密度按分层面的二维数据扫描。固化后工作台下降一个分层厚度,再次铺粉,开始一个新的循环。然后不断循环,层层堆积获得实体零件。该技术的优点是工艺简单、速度较快、打印材料选择范围广;缺点是精度差、材料强度一般。

3DP 技术:该技术是利用微滴喷射技术的打印技术,通过喷射黏结剂将成型材料黏结,周而复始地送粉、铺粉和喷射黏结剂,最终完成一个三维粉体的黏结,从而生产制品。3DP 与 SLS 工艺最大的不同是,3DP 不是将材料熔融,而是通过喷头喷出黏结剂将材料黏合在一起。随着技术的发展,直接喷射出成型材料在外场下固化,成为这种工艺的新发展趋势。3DP 材料来源广泛,包括尼龙粉末、ABS 粉末、金属粉末、陶瓷粉末和干细胞溶液等。

1.6　3D 打印技术的应用领域

3D 打印机的应用对象可以是任何行业,只要这些行业需要模型和原型。目前,3D 打印技术已在工业设计、文化艺术、机械制造(汽车、摩托车)、航空航天、军事、建筑、影视、家电、轻工、医学、考古、雕刻、首饰等领域都得到了应用,并且随着技术自身的发展,其应用领域将不断拓展。这些应用主要体现在以下十个方面。

(1)设计方案评审。借助于 3D 打印的实体模型,不同专业领域(设计、制造、市场、客户)的人员可以对产品实现方案、外观、人机功效等进行实物评价。

(2)制造工艺与装配检验。3D 打印可以较精确地制造出产品零件中的任意结构细节,借助 3D 打印的实体模型结合设计文件,就可有效指导零件和模具的工艺设计,或进行产品装配检验,避免结构和工艺设计错误。

(3)功能样件制造与性能测试。3D 打印的实体原型本身具有一定的结构性能,同时利用 3D 打印技术可直接制造金属零件,或制造出熔(蜡)模,再通过熔模铸造金属零件,甚至可以打印制造出特殊要求的功能零件和样件等。

(4)快速模具小批量制造。以 3D 打印制造的原型作为模板,制作硅胶、树脂、低熔点合金等快速模具,可便捷地实现几十件到数百件数量零件的小批量制造。

(5)建筑总体与装修展示评价。利用 3D 打印技术可实现模型真彩及纹理打印的特点,可快速制造出建筑的设计模型,进行建筑总体布局、结构方案的展示和评价。

(6)科学计算数据实体可视化。计算机辅助工程(computer aided engineering,CAE)、地理地形信息(geographic information system,GIS)等科学计算数据可通过 3D 彩色打印,实现几何结构与分析数据的实体可视化。

(7)医学与医疗工程。通过医学 CT 数据的三维重建技术,利用 3D 打印技术制造器官、骨骼等实体模型,可指导手术方案设计,也可打印制作组织工程和定向药物输送骨架等。

（8）首饰及日用品快速开发与个性化定制。利用 3D 打印制作蜡模,通过精密铸造实现首饰和工艺品的快速开发和个性化定制。

（9）动漫造型评价。可实现动漫等模型的快速制造,指导和评价动漫造型设计。

（10）电子器件的设计与制作。利用 3D 打印可在玻璃、柔性透明树脂等基板上,设计制作电子器件和光学器件,如 RFID、太阳能光伏器件、OLED 等。

1.7　3D 打印技术面临的挑战

日前,3D 打印技术虽然已经取得了重大进展,但有关材料、设备和软件等方面问题依然存在,具体表现为以下几个方面。

（1）3D 打印材料。耗材是 3D 打印能否得到广泛应用最关键的因素。目前开发的 3D 打印材料主要有塑料、树脂和金属等。用于工业领域的 3D 打印材料种类仍然缺乏,材料标准有待建立。金属打印构件的力学性能、组织结构等有待于深入研究。

（2）成本高。目前,3D 打印不具备规模经济的优势,价格方面的优势尚不明显。打印材料的价格从几百元到几千元不等。对于适合人体特性的金属材料如钛合金,进口的金属粉末价格达到 4000 元/kg 左右,还要受到外国出口管制等各种因素。此外,3D 打印机的价格从几千元到上千万元不等。但是随着材料、设备成本的下降,未来打印品的价格将明显下降。

（3）知识产权的保护。3D 打印技术的意义不仅在于它能改变资本和工作的分配模式,而且在于它能改变知识产权的规则。该技术的出现使制造业的成功不再取决于生产规模,而取决于创意。然而,单靠创意也是很危险的,模仿者和创新者都能轻而易举地在市场上快速推出新产品,极有可能像最初的音乐、电影和电视领域一样面临盗版的威胁。

（4）生产技能。3D 打印技术需要依靠数字模型来进行生产,大多数人不会使用 3D 打印机,需要专业技术人员来建模,实现 3D 数据,并由专业人员来操作打印机。随着社会发展,越来越多的人都将能掌握这项技术。而且企业也会提供一些简单的产品,用户不必学会 3D 设计技能就能制作模型,就像傻瓜相机的发展一样。

(5)政策因素。例如:缺少工业资金来加速 3D 打印技术的研发;相应的打印材料和打印成品缺少食品和药监部门的许可。3D 生物打印技术也像 20 世纪末的克隆技术一样,将带来生物伦理挑战。

(6)创新环境和普及工作。3D 打印技术的整个产业链虽然规模不大,但是能够提升其他产业的发展。从 3D 打印自身产业链角度来说,整个产业链包括上游的打印材料、中游的打印设备制造及下游的打印服务。而且每个应用点对应不同的材料、设备和工艺,这样一个复杂庞大的体系必须有个创新环境,才能推动 3D 打印技术产业发展。当前,个人和企业对 3D 打印技术的认识度还有待提高,并且缺乏对 3D 打印技术的深入了解也限制了 3D 打印技术的发展。

1.8　工业 4.0 与 3D 打印技术

“工业 4.0”是德国政府在 2013 年 4 月的汉诺威工业博览会上正式推出的概念,其目的是为了提高德国工业的竞争力,在新一轮工业革命中占领先机。德国学术界和产业界认为,工业 4.0 概念是以智能制造为主导的第四次工业革命或革命性的生产方法。该战略旨在通过充分利用信息通信技术和网络空间虚拟系统——信息物理系统(cyber-physical system)相结合的手段,将制造业向智能化转型。工业 4.0 项目主要分为三大主题。

(1)“智能工厂”,重点研究智能化生产系统和过程,以及网络化分布式生产设施的实现。

(2)“智能生产”的侧重点在于将人机互动、智能物流管理、3D 打印等先进技术应用于整个工业生产过程,从而形成高度灵活、个性化、网络化的产业链。生产流程智能化是实现工业 4.0 的关键。该计划将特别注重吸引中、小企业参与,力图使中、小企业成为新一代智能化生产技术的使用者和受益者,同时也成为先进工业生产技术的创造者和供应者。

(3)“智能物流”,主要通过互联网、物联网、务联网,整合物流资源,充分发挥现有物流资源供应方的效率,而需求方则能够快速获得服务匹配,得到物流支持。

如前所述,美国将工业进化分为三个阶段,德国则将工业革命分为四个阶段,如图 1.8 所示。

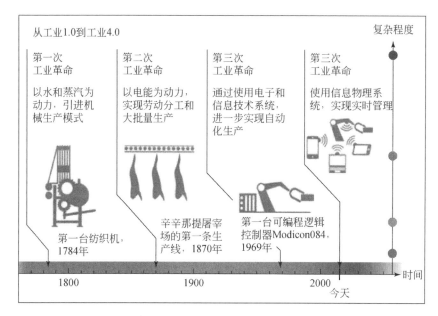

图 1.8　工业 4.0 进化历程图

工业 1.0:18 世纪 60 年代至 19 世纪中期,通过水力和蒸汽机实现的工厂机械化可称为工业 1.0。这次工业革命的结果是机械生产代替了手工劳动,经济社会从以农业、手工业为基础转型到了以工业、机械制造业带动经济发展的模式。

工业 2.0:第二次工业革命发生在 20 世纪初,在劳动分工的基础上采用电力驱动产品的大规模生产可称为工业 2.0。这次工业革命,通过零部件生产与产品装配的成功分离,开创了产品批量生产的新模式。20 世纪 70 年代以后,随着电子和信息技术应用到工业中,进而实现了生产的最优化和自动化。

工业 3.0:第三次工业革命始于第二次工业革命过程中发生的生产过程高度自动化。自此,机械能够逐步替代人类作业。

工业 4.0:第四次工业革命将步入"分布式"生产的新时代。工业 4.0 通过决定生产制造过程等的网络技术,实现实时管理。

1.9　为什么使用 3D 打印技术

3D 打印技术已经应用到各行各业,并在工业设计、文化艺术、机械制造(汽车、摩托车)、航空航天、军事、建筑、影视、家电、轻工、医学、考古、雕刻、首饰等领域得到了广泛应用。3D 打印技术与人类的工作和生活息息相关,人类的吃、穿、住、用、行活动都会涉及 3D 打印技术。

1. 改善产品设计效率和周期

3D 打印技术最早开始用于改善产品设计,通过打印出来"概念模型",以实物形态展示出来,便于设计者观察。除了运用于概念设计阶段外,还被运用于制造工艺与装配检验阶段,可有效指导零件、模具的工艺设计,进行产品装配检验,避免结构和工艺设计错误。

现代企业的新产品开发需要的时间很短,短上市时间的重要性不可言喻,在概念设计阶段,企业不得不缩短决策时间,同时又必须确保所作决定的准确性。这些决定会影响大部分的成本因素,如材料选择、制造技术以及设计寿命。通过制作产品模型进行测试,优化设计流程,加速新产品开发速度,为企业最大化潜在利润。

2. 改变传统生产方式

3D 打印技术改变了传统机械加工中去除式的加工方式,不采用刀具、机床等制作零部件,而是采用逐层累积式的加工方式,带来了制作方式的变革。从理论上来说,3D 打印技术可以制作出任意复杂形状的零部件,材料利用率可以达到 100%。特别是对于一些具有复杂形状和几何特征的制造,使用传统方法是很困难的,而 3D 打印技术则在这种复杂部件制造领域更有竞争力,因为任何部件都可以进行数字化建模。在保障零部件必要的强度和刚度情况下,构建出远远轻于传统制造的结构、实现轻型化的零部件是 3D 打印技术的显著优点。例如,空中客车公司使用 3D 打印技术来设计和制作金属支架,这比利用数控机床进行机械加工的支架轻了 50%～80%。而采用传统的机械加工这种支架时,80%～90%昂贵的航空铝合金将以碎片的形式成为废料。

3. 数字化制造和开放设计

3D 打印技术的建模和打印过程，都是采用数字化技术实现的。由于物联网技术的发展，3D 打印技术还向着数字模型存储和数字模型传送方面发展。当你想给远方的朋友送件礼物，可以给对方发送个数字文件，你的朋友在当地就可以用打印机打印出礼物来。

纽约另一家利用 3D 技术生产消费品的公司 Quirky 拥有 20 万的注册用户，他们在线搜集用户的创意和产品设计图纸，用 3D 打印机以最快的速度成型，再上传讨论，最终确定方案后批量生产。产品在线上和线下都会有销售，设计者常常从一个创意就获得不少的收入，有的用户一年能赚几万美元。

4. 拯救地球，实现可持续发展

当前，人类不合理地开发、利用自然资源引起生态环境的退化，并由此衍生出环境效应对人类生存环境产生不利影响的现象。例如，人类的许多活动都向大气、水体、土壤等自然和人工环境排放有害物质，造成了环境污染。许多产品是通过运输才能够达到我们手里，在运输过程中，大量的燃油、电力和其他资源在世界范围内被用来输送产品。而 3D 打印技术"本地化"制造，则减少了大量的资源消耗。同时，3D 打印技术可以提高资源的使用效率。此外，通过 3D 打印技术还可实现轻质材料结构制造，得到可持续产品，生产出高价值的航空、医疗和工程部件。

第 2 章　3D 数据建模与处理

3D 打印工艺过程分为前处理、成型和后处理三个阶段,其中,前处理是获得良好成型产品的关键所在。

1. 前处理阶段

在打印前准备打印文件,主要包括三维造型的数据源获取以及对数据模型进行分层处理。

(1)CAD 数字建模。通过产品的图样进行三维建模设计,建模完成后,输出为 STL 格式的文件,以供打印需要。目前,所有的商业化软件系统都有 STL 文件的输出数据接口。

(2)载入模型。将 STL 格式文件读入专用的分层软件。

(3)STL 文件校验和修复。保证 STL 模型适合用来打印。

(4)确定摆放位置。STL 数据校验无误后,就可以摆放打印模型位置。摆放时要考虑到安装特征的精度、表面粗糙度、支撑去除难度、支撑用量以及功能件受力方向的强度等。

(5)确定分层参数。分层参数包括层厚度、路径参数和支撑参数等。

(6)存储分层文件。分层完成后得到一个由层片累积起来的模型文件,存储为所用打印机识别的格式。

2. 打印阶段

打印设备开启后,启动控制软件,读入前处理阶段生成的层片数据文件,进行正常的打印阶段。

3. 后处理阶段

打印结束后,取出模型,进行后处理过程。不同的打印工艺后处理过程有所不同。FDM 打印工艺处理较为简单,主要就是去除支撑和打磨。SLA 打印工艺的后处理包括原型的清理、去除支撑、后固化以及必要的打磨等过程。

　　从整个打印过程可以看出,所有的打印方法都必须先由 CAD 数字模型经过分层切片处理。因此,在打印阶段前,需要对数据进行大量的前期处理。数据处理结果会直接影响打印原型的质量和精度以及打印的效率。图 2.1 为 3D 打印的数据处理流程。

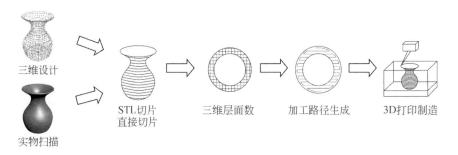

图 2.1　3D 打印的数据处理流程

2.1　CAD 建模

　　目前,有两种途径得到产品的 3D 模型:一是根据产品的要求在 CAD 软件平台上设计出三维模型,常被称为"概念设计";另外一种就是在扫描设备对已有的产品进行实体扫描,得到三维模型,常被称为"逆向工程"。

2.1.1　概念设计

　　计算机辅助设计/制造(computer aided design/making,CAD/CAM)诞生于 20 世纪 60 年代,由于 PC 机的应用,CAD 得以迅速发展,出现了专门从事CAD 系统开发的公司。在工程和产品设计中,计算机可以帮助设计人员担负起计算、信息存储和制图等工作。在设计中通常要用计算机对图形进行编辑、放大、缩小、平移和旋转等有关的图形数据加工以及对不同方案进行大量的计算、分析和比较以决定最优方案。

　　目前,应用较多的具有三维建模功能的 CAD/CAM 软件有 Catia、UG、Pro/E 等。这些软件的功能越来越强大,在 3D 建模程序方面,功能已从简单的实体建模提升到曲面建模(广泛用于动画制作)以及光学扫描(如三维扫描、点云等)阶段。全球 3D 设计程序主要生产厂商有 Autodesk、Pixologic、Solidworks 等。其中,Autodesk 在全球设计软件公司中拥有最长的产品线和最广的行业覆盖,用户遍及 150 多个国家,是行业内最具实力的公司。微软和 Adobe 从 2013 年起也开始进军这一领域。表 2.1 为常见的三维软件特点及概况。

表 2.1　常见的三维软件特点及概况

生产厂商	软件	简介	特点
Autodesk	3ds max	高性价比的三维建模、动画和渲染软件	基于网格的三维软件,广泛应用于建筑效果图和游戏产业
	Maya	三维建模、动画、模拟和渲染的平台级软件	功能强大,与其他软件衔接方便,广泛应用于影视娱乐行业
	AutoCAD	广为流行的计算机辅助设计绘图软件	便捷的 2D 和 3D 辅助设计软件,建筑和工业设计领域大量使用
	Inventor	Autodesk 旗下参数化三维设计软件	特征建模、参数化设计,简化了建模过程,让工程师更专注设计
	Alias	先进的工业造型设计软件	大量用于汽车,消费产品外观造型设计,复杂曲面造型功能强大
dassault systemes	CATIA	达索旗下高端模块化三维产品设计软件	支持从设计分析到加工的全部工业设计流程,适合大型产品的设计
	Solidworks	基于 Windows 开发的三维 CAD 系统	界面简洁、操作灵活、易学易用、功能强大
robert mcneel	Rhino(犀牛)	基于 PC 的专业三维造型软件,广泛应用于消费产品、建筑设计等领域	基于 Nurbs 建模,复杂造型功能强大,众多插件支持、使用灵活、应用领域广
Siemens PLM	ug(Unigraphics NX)	Siemens PLM 公司出品的参数化产品工程三维设计软件	轻松实现各种复杂实体造型,功能覆盖产品设计分析到加工生产整个过程
Pixologic	Zbrush	三维数字雕刻和绘画软件	超强的三维艺术造型能力,广泛应用于影视娱乐行业
Google	Sketchup	Google 公司开发的简单易学,使用有趣的三维软件	操作方便,配合 google 的三维模型库,使用方便高效

生产厂商	软件	简介	特点
PTC	proE	计算机辅助设计、辅助分析、辅助生产一体化的三维软件。应用参数化技术的最早三维设计软件	参数化设计,基于简单特征的建模方式,由参数来约束特征的尺寸形状
geomagic	freeform	基于三维数字雕刻的工业造型设计软件	带力反馈,有真实的触感

2.1.2　逆向工程

逆向工程是一种产品设计技术再现过程,即对一项目标产品进行逆向分析及研究,从而演绎并得出该产品的处理流程、组织结构、功能特性及技术规格等设计要素,以制作出功能相近,但又不完全一样的产品。逆向工程的主要目的是在不能轻易获得必要的生产信息的情况下,直接从成品分析,推导出产品的设计原理,通过丈量实际物体的尺寸并将其制作成 3D 模型。目前常用的数据采集方法主要有接触式测量、光学测量、医学影像断层扫描方式、层析三维数字化测量方式。完成测量后再通过 CAD、CAM、CAE 或其他软件构筑 3D 虚拟模型。逆向工程测得的离散数据需要结合一定功能的数据拟合软件如 3-matic、Imageware、PolyWorks、Rapidform 或者 Geomagic 等来处理。

2.2　CAD 建模软件

2.2.1　常见的概念设计软件介绍

1. AutoCAD

AutoCAD 软件是由美国 Autodesk 公司出品的一款计算机辅助设计软件,用于绘制二维制图和基本三维设计,由于它在工程图设计方面的便捷实用以及兼具三维功能,使得 AutoCAD 在全球范围内被广泛应用于土木建筑、工程制图以及电子工业等多个领域。

2. Pro/E

Pro/E 是 PTC 公司旗下的计算机辅助设计、辅助分析、辅助生产一体化的三维软件,是应用参数化技术的最早三维设计软件。包括在工业设计和机械设计等方面的多项功能,被广泛应用于电子、机械、模具、汽车、航天以及家电等制造行业。

3. UG

UG 是 Siemens PLM 公司出品的参数化产品工程三维设计软件,能够轻松实现各种复杂实体造型,功能覆盖产品设计分析到加工生产整个过程。软件包含了企业中应用最广泛的集成应用套件,可以全面地提高设计过程的效率、削减成本并缩短进入市场的时间。

4. CATIA

CATIA 是达索旗下高端模块化三维产品设计软件,支持从设计分析到加工的全部工业设计流程,先进的混合建模技术、强大高级的曲面功能以及协同并行的工作模式使其在航空航天、船舶、汽车等大型产品的设计中得到广泛的应用。

5. Solidworks

Solidworks 是达索中端主流市场的三维设计软件,是完全基于 Windows 开发的三维 CAD 系统。软件界面简洁、操作灵活、易学易用、功能强大。使用者能够专注于设计本身,提高工作效率,快速而高质量地完成设计工作。

2.2.2　常见的逆向工程软件介绍

1. Imageware

Imageware 由美国 EDS 公司出品,是最著名的逆向工程软件,后被德国 Siemens PLM Software 收购,现在并入旗下的 NX 产品线。因其强大的点云处理能力、曲面编辑能力和 A 级曲面的构建能力,被广泛用于汽车、航空、航天、消费家电、模具等设计与制造领域。国外用户有 BMW、Boeing、GM、Chrysler、Ford、raytheon、Toyota 等著名国际大公司,国内的上海大众、成都飞机制造公司等大企业都在应用此软件。

2. Geomagic Studio

Geomagic Studio 是由美国 Raindrop 公司出品的逆向工程和三维检测软件,可轻易地从扫描所得的点云数据创建出完美的多边形模型和网格,并可自动转换为 NURBS 曲面。

3. CopyCAD

CopyCAD 由英国 DELCAM 公司出品,能够允许从已存在的零件或实体模型中生成三维 CAD 模型。该软件为来自数字化数据的 CAD 曲面的产生提供了复杂生成工具,例如:能够接受来自坐标测量机床的数据,同时跟踪机床和激光扫描器。

4. RapidForm

RapidForm 由韩国 INUS 公司出品,此软件提供了新一代运算模式,可实时将点云数据运算出无接缝的多边形曲面,使它成为 3D Scan 后处理的最佳接口。

2.3　三维扫描仪

2.3.1　三维扫描仪原理

三维扫描仪被用来探测搜集现实世界中物体或环境的形状(几何构造)与外观(颜色、表面反照率等性质)的有关信息。获得的数据进行三维重建,在虚拟环境中创建实际物体的数字模型。扫描模型被广泛应用于工业工程逆向设计、质量检测、文物建筑修复、牙齿及畸齿矫正、电影制片、游戏创作等各个领域。

三维扫描仪创建物体几何表面的点云,用点云插补计算物体表面形状,如果扫描仪能够取得表面颜色,可进一步在重建的表面上黏贴材质贴图。

三维扫描仪大体分为接触式三维扫描仪和非接触式三维扫描仪。其中,非接触式三维扫描仪又分为光栅三维扫描仪(也称拍照式三维描仪)和激光扫描仪。而光栅三维扫描又分白光扫描或蓝光扫描等,激光扫描又有点激光、线激光、面激光的区分。

2.3.2　常见的三维扫描仪介绍

目前,三维扫描仪的生产厂商较多,生产出的扫描仪有手持式和拍照式。表 2.2 列举了常见的三维扫描仪。

表 2.2　常见的三维扫描仪器

三维扫描仪厂商	扫描方式	简介
Breuckmann	光栅三维扫描	BREUCKMANN 三维扫描仪基于微结构光投影技术专利,是高精度、高可靠性的 3D 检测工具,主要用于汽车制造、模具、航空航天、发动机叶轮、叶片检测和医疗等领域
Steinbichler	光栅三维扫描	专注全息干涉测量、光学测量、激光扫描、材料非接触无损检测等领域。广泛应用于汽车设计/制造、模具设计/制造、轮胎无损检测、航空航天等领域
Gom	光栅三维扫描	德国 ATOS 系列扫描仪具有很高的精度,广泛应用于工业设计逆向工程,产品质量检测等领域
Artec3d	拍照三维扫描	全彩三维扫描,广泛应用于人体扫描、医学、工业应用、媒体与设计艺术、文化遗产保护
Cyberware	激光三维扫描、拍照三维扫描	提供多种定制和半定制扫描仪,能够弥补标准扫描仪的不足。包括人体彩色三维扫描仪、人体头部和面部彩色三维扫描仪和 DigiSize 软件

2.4　STL 数据和文件的输出

2.4.1　STL 数据

目前,打印设备能够接受 STL、SLC、LEAF 等多种数据格式。但是应用最广泛的是 3D 打印机发明人 charles W Hull 在 1987 年发明的 STL 语言。这种语言是和当时的成型工艺相配合的一种较为简单的语言,已经成为当前的 3D 打印制造技术标准。

STL 格式数据,是一种用大量的三角面片逼近曲面来表现三维模型的数据格式。STL 数据的精度直接取决于离散化时三角形的数目。一般地,在 CAD 系统中输出 STL 文件时,设置的精度越高,STL 数据的三角数目越多,文件就越大。STL 文件有两种格式,即二进制(Binary)和文本格式(ASCⅡ)。文本格式可以让用户通过文本编辑器来阅读和修改,主要用来调试程序。文本 STL 文件是相应二进制 STL 文件的 3 倍,现在主要应用的是二进制 STL 文件。图 2.2 为一个 3D 模型的三角化前后图。

(a)原始三维模型　　　　　　(b)三角化后的模型

图 2.2　模型的三角化

但是 STL 文件格式也有很多缺点,在使用小三角形平面来近似副近三维实体,存在曲面误差,缺失颜色、纹理、材质、点阵等属性。2010 年,一种更完善的 AMF 语言格式开始兴起,逐渐取代 STL,便于打印机固件读取更为复杂、海量的 3D 模型数据。

AMF 作为新的基于 XML 的文件标准,弥补了 CAD 数据和现代的增材制造技术之间的差距。这种文件格式包含用于制作 3D 打印部件的所有相关信息,包括打印成品的材料、颜色和内部结构等。标准的 AMF 文件包含 object、material、texture、constellation、metadata 等五个顶级元素,一个完整的 AMF 文档至少要包含一个顶级元素。

object:定义了模型的体积或者 3D 打印制造所用到的材料体积。

material:定义了一种或多种 3D 打印制造所用到的材料。

texture:定义了模型所使用到的颜色或者贴图纹理。

constellation:定义了模型的结构和结构关系。

metadata:定义了模型 3D 打印制造的其他信息。

AMF 文档还包含 Geometry specification、Color specification、Texture maps、Material specification、Mixed,graded,lattice,and random materials、Print constellations、Meta-data、Optional curved triangles、Formulas、Compression 等信息。表 2.3 是 STL 语言和 AMF 语言区别对比表。

表 2.3　STL 语言和 AMF 语言对比

特点	STL 语言	AMF 语言
应用时间	1987 年	2010 年
记录能力	表现力差,智能记录物体表面形状	能够记录颜色、材料信息及内部的结构
材质要求	只能记录单一材质	对不同位置指定不同材质
数据量	用 ASCII 表现的 STL 数据量大	比用二进制表现的 STL 大
其他特点	——	加工顺序、3D 纹理等新定义

2.4.2　STL 数据的输出

当 CAD 模型生成后,要进行 STL 文件的输入。商业化的 CAD/CAM 软件基本都具有 STL 文件的输出接口,操作非常方便。在输出过程中,根据模型复杂程度,相应地选择所要求的精度指标。表 2.4 是部分三维软件输出 STL 文件时精度的确定。

表 2.4　STL 输出方法

AutoCAD	输出模型必须为三维实体,且 *XYZ* 坐标都为正值。在命令行输入命令"Faceters"—> 设定 FACETRES 为 1 到 10 之间的一个值(1 为低精度,10 为高精度)—> 然后在命令行输入命令"STLOUT"—> 选择实体 —> 选择"Y",输出二进制文件 —> 选择文件名
ProE	1. File(文件)—> Export(输出)—> Model(模型) 2. 或者选择 File(文件)—> Save a Copy(另存一个复件)—> 选择 . STL 3. 设定弦高为 0。然后该值会被系统自动设定为可接受的最小值 4. 设定 Angle Control(角度控制)为 1
Rhino	File(文件)—> Save As(另存为 . STL)

SolidWorks	1. File(文件)－＞ Save As(另存为)－＞ 选择文件类型为 STL
	2. Options(选项)－＞ Resolution(品质)－＞ Fine(良好)－＞ OK(确定)
Unigraph-ics	1. File(文件)＞ Export(输出)＞ Rapid Prototyping(快速原型)－＞ 设定类型为 Binary(二进制)
	2. 设定 Triangle Tolerance(三角误差)为 0.0025
	设定 Adjacency Tolerance(邻接误差)为 0.12
	设定 Auto Normal Gen(自动法向生成)为 On(开启)
	设定 Normal Display(法向显示)为 Off(关闭)
	设定 Triangle Display(三角显示)为 On(开启)

2.4.3　STL 数据的处理

由于 STL 文件在生成过程中会出现一些错误,需要对 STL 文件进行浏览和处理。目前,有多种用于观察和处理 STL 格式文件的软件和打印数据处理专用软件。表 2.5 是 3D 打印数据处理相关的专用软件,其中,比利时 Materialise 公司所开发的 Magic RP 软件是最典型的专用处理软件。

表 2.5　3D 打印数据处理相关的专用软件

软件名称	公司	软件特点
Solidview	Solid Concept	1994 年推出,STL 文件的旋转、缩放等
Meshlab	Meshlab	开源、可移植和可扩展的软件,用于处理、编辑网格 3D 模型
netfabb	netfabb	对设计的 3D 数据进行检查、编辑以及修复错误等。支持 Windows、Linux、Mac
Autofab	Materialise	STL 数据处理软件,可生成针对金属打印的支撑,编辑激光扫描路径,适合金属 3D 打印机
Magics RP	Materialise	当今最有影响力的 STL 数据处理软件,广泛应用在 3D 打印领域

2.5　典型的数据处理软件

2.5.1　STL 数据处理软件 Magics RP

Magics RP 是 3D 打印制造领域最优秀的一款软件产品,它能够将不同格式的 CAD 文件转化输出到快速成型、快速模具制造、修复优化 3D 模型、分析零件，直接在 STL 模型上进行 3D 变更、特征设计以及报告生成等，从而提高打印加工的效率和质量。图 2.3 是 Magics 软件的工作界面，具有以下特性。

（1）STL 文件修复和编辑功能：使用 Magics 软件能够修复错误的 STL 文件，平滑模型表面，对模型进行切割、打孔、抽壳等操作。

（2）零件测量分析和摆放：Magics 能对 STL 文件进行尺寸测量，并且针对不同的 3D 打印工艺进行零件位置的智能摆放。

（3）支撑生成：对于光固化和金属打印工艺，Magics 可以生成打印所需要的支撑，并且可以根据实际情况手动调整，方便灵活。

（4）切层处理：能够生成 sli、cli、slc 等多种 3D 打印设备能够识别的切层文件。

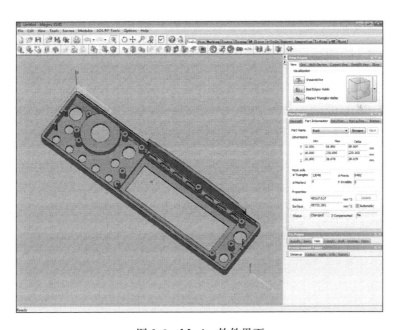

图 2.3　Magics 软件界面

下面以光固化 3D 打印为例讲述 Magics 软件的数据处理流程。

（1）选择需要使用的 3D 打印设备，新建相应的工作场景，场景对应打印机相应的成型空间等相关参数。

（2）导入打印零件，对网格三维数据的错误进行诊断，并运用综合修复对数据进行自动错误纠正。

(3)对于无法自动修复的错误进行手动修复,最终使数据的错误诊断合格。

(4)根据打印的摆放原则,运用移动、旋转工具对三维零件数据在设备工作场景内进行摆放。

(5)对摆放好的零件添加支撑,根据打印的实际情况对自动生成的支撑进行手动的添加和删除工作,使支撑设置更加合理。

(6)分别对模型数据和支撑数据进行切层,生成打印机能够识别的 sli、cli、slc 等切层文件,将这些文件输入 3D 打印设备中即能实现生产打印。

2.5.2　医学图像数据处理软件 Mimics

Mimics(Materialise's interactive medical image control system)是 Materialise 公司的交互式的医学影像控制系统,为模块化结构的软件,可以根据用户的不同需求进行不同的搭配。模块分为基础模块和可选模块。

基础模块包括以下 5 个部分:

(1)图像导入:支持大多数图像格式的导入,详情请参见软件主页。

(2)图像分割:提供灰度阈值、区域生长、形态学操作、布尔操作、动态区域生长、多层编辑等分割工具。帮助用户快速方便地标出感兴趣区域。

(3)图像可视化:提供原始数据的轴状、冠状和矢状视图。提供根据感兴趣区域重建得到的三维试图,并可以进行三维试图的平移、缩放和旋转。同时能够剪裁三维模型。

(4)图像配准:提供图像配准、点配准和 STL 配准功能。

(5)图像测量:点对点测量、轮廓线和灰度值测量、密度测量。

可选模块有 RP 切片模块、MedCAD 模块、仿真模块、STL+模块。

下面举个例子说明 Mimics 软件的使用方法,详细的可以参考相关使用教程。

(1)将 CT 或者核磁共振(magnetic resonauce imaging,MRI)的 DICOM 数据文件导入软件(图 2.4)。

(2)根据所需重建部位的灰度值进行阈值分割。

首先用 profile line 工具在灰度值变化的位置画线,点击对话框上的 start-start threholding,根据对话框显示的灰度值变化滑块选择合适的选区灰度值。

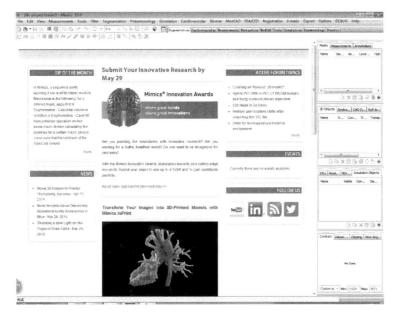

图 2.4　Mimics 界面

（3）根据需要用 Multiple slice edit 工具手动调整选区范围，擦去多余区域，补上缺失区域。

（4）用 region growing 工具选择连续区域，过滤掉杂点和多余的选区。

（5）在 objet 3d 标签下的新建按钮，根据需要选择重建精度，点击对话框下的 calculate 生成三维模型。

（6）在 export 栏下选择 binary stl，导出可用于三维打印的 STL 格式文件，根据需要调整参数控制输出三维模型的质量，finish 完成 STL 文件输出。

第 3 章　几种主流打印技术

根据实现堆积成型方法的不同,目前几种主流的 3D 打印技术有 SLA、SLS、FDM、3DP、DLP、LOM 等。尽管技术有所不同,但它们都是基于先离散分层,再堆积叠加的原理,将材料一层层堆积叠加形成三维实体。

3.1　SLA 技术

SLA 技术也叫立体光固化技术,最早由美国 3D Systems 公司于 1988 年发明,是世界上最早出现并实现商品化的一种 3D 打印技术,也是研究最深入、应用最广泛的一种快速成形技术。

3.1.1　原理和特点

SLA 技术是基于液态光敏树脂的光聚合原理来进行固化成型,这种液态材料在一定波长(355nm)和强度的紫外光照射下能迅速发生光聚合反应,分子量急剧增大并交联形成空间网状结构,最后形成固态。

在固化成型过程中,不会产生热扩散和热形变,加上链式反应能作精确控制,可以保证聚合反应不发生在激光点之外,因而该方法具有成型速度快、加工精度高、表面质量好、自动化程度高以及系统运行相对稳定等特点。主要应用于打印结构复杂、精度高的精细工件。

SLA 技术使用液态树脂作为加工原料,在成形过程中,只需固化位于制件实体和支撑部分的树脂,其他位置上的树脂都不会受到影响,剩余液态树脂还可以继续使用,而支撑所需材料用量非常少,因此材料的利用率接近 100%。

此外,SLA 技术使用的液态树脂是由 C、H、O 等元素组成的高分子材料,在 700℃以上的温度下可以完全烧蚀,无任何残留物质,对于制造精密铸造模型来说,这是非常有益的。

当前,SLA 技术发展成熟度高,适用范围广,能制成各类大小规格的复杂精细零件,具有良好的综合性能,是目前唯一能满足工业制造领域在精度、表面质量、稳定性以及生产成本等多方面综合要求的 3D 打印技术。

3.1.2　工艺过程

SLA 成型制造过程分为前处理、原型制作、后处理三个主要步骤。

前处理阶段主要是对零件的 CAD 模型进行数据转换、确定摆放方位、施加支撑和切片分层。激光在计算机控制下按零件的各分层的截面信息对液态的光敏树脂表面进行逐点扫描,被扫描区域的树脂薄层产生光聚合反应而固化,形成零件的一个薄层,未被激光扫描照射到的地方仍是液态树脂。一层固化完成后,工作台下移一个层厚的距离,在原先固化好的树脂表面再敷上一层新的液态树脂,然后进行下一层的扫描,新固化的一层会牢固地黏在前一层上,如此重复直至整个工件全部堆积成型完毕,最后得到一个完整的立体零件,完成原型制造过程,如图 3.1 所示。

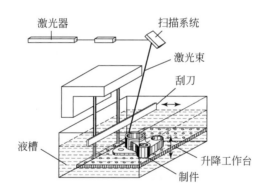

图 3.1　SLA 型 3D 打印机工作原理

后处理包括原型的清理、去除支撑、后固化以及必要的打磨等。其主要流程如下:

(1)原型叠层制作结束后,工作台升出液面,停留 5~10min,以晾干滞留在原型表面的树脂和排除包裹在原型内部多余的树脂。

(2)将零件浸入丙酮、酒精等清洗液中,清洗掉表面树脂。如果网板是固定在设备上的,则直接用铲刀将原型从网板上取下进行清洗。

(3)原型清洗完毕后,去除支撑结构,即将原型底部及中空部分的支撑去除干净。

(4)放置于紫外线固化箱中进行整体后固化,对于有些性能要求不高的原型,可以不作后固化处理。

3.1.3　设备和材料

目前,研究 SLA 设备的公司有美国的 3D Systems、德国的 EOS、比利时的 Materialise 公司的猛犸系列、日本的 CMET 以及国内的西安交通大学、华中科技大学和上海联泰科技等。目前国内的 SLA 设备在技术水平上与国外已经相当接近,由于售后服务和价格的原因,国内企业在竞争时已经占据绝对优势,尤其是上海联泰科技公司在国内市场一直紧密贴合,积极发展,在国内工业端的市场占有率超过 50%,已经形成较大的市场影响力。

3D Systems 公司在继 1988 年推出第一台商品化设备 SLA-250 以来,又于 1997 年推出了 SLA-250HR、SLA-3500、SLA-5000 三种机型。目前主打机型为 Project6000、Project7000、ProX 系列等,如图 3.2 所示。图 3.3 是上海联泰科技公司开发的 RSPro 系列和 Lite 系列机型。

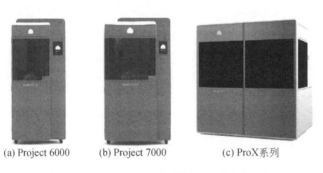

(a) Project 6000　　　(b) Project 7000　　　(c) ProX系列

图 3.2　3D Systems 公司的 SLA 主打机型

用于光固化快速成型的材料为液态光固化树脂,或称液态光敏树脂。光固化树脂材料成分中主要包括齐聚物(或预聚物)、反应性稀释剂及光引发剂。根据光引发剂的引发机理,光固化树脂可以分为三类:自由基光固化树脂、阳离子光固化树脂和混杂型光固化树脂。SLA 技术所用材料根据其工艺原理和原型制件的使用要求,要求其具有黏度低、流平快、固化速度快且收缩小、溶胀小、无毒副作用等性能。最常用的是 DSM 公司开发的 SOMOS 系列光固化快速成型材料,该公司在 20 世纪 80 年代就开始研发 SLA 材料,自 1992 年第一种商用

图 3.3　上海联泰三维的 RSPro 系列和 Lite 系列机型

速模师立体光刻树脂商品化以来,到今天速模师 DMXTM SL-100 的产业化,DSM SOMOS 已在光敏树脂打印材料领域中奠定了良好声誉,并且成为全球 SLA 材料第一大供应商。

3.1.4　典型应用

SLA 应用范围非常广泛,代表性应用如下。

1. 概念模型可视化

SLA 打印技术能够迅速的将设计师思想变成三维实体模型,既可以节省大量的时间,又可以精确地体现设计师的设计理念,为产品评审决策工作提供直接、准确的模型,减少了决策工作中的不确定因素。图 3.4 为打印的概念产品样件。

图 3.4　打印的概念产品样件

2. 设计评价

利用 SLA 打印技术制作出的样件,能够使用户非常直观的了解尚未批量生产的产品外观及其性能并能及时做出评价,使企业能够根据用户的需求及时改进产品,为产品的销售创造有利条件,并避免由于盲目生产而造成的损失,使设计更加完善,为中标创造有利条件;在产品设计和开发过程中,由于设计手段和其他方面的限制,每一项设计都可能存在着一些人为的设计缺陷,如未能及早发现,会导致整个设计的失败并影响后续工作,造成不必要的损失。而 SLA打印技术由于成型时间短、精度高,可以在设计的同时制造高精度的模型,使设计者能够在设计阶段对产品的整体或局部进行装配和综合评价,从而发现设计上的缺陷与不合理因素,改进设计。

3. 结构、装配、功能验证分析

如果一个产品的零件多且复杂,就需要做装配校核。在投产之前,先用SLA 打印技术制造出全部模型,进行试安装,验证设计的合理性和安装工艺与装配要求,如发现缺陷,便可以迅速、方便地进行纠正,使所有问题在投产之前得到解决,图 3.5 和图 3.6 分别为打印的空调组件装配验证和变速箱装配、运动干涉验证。

图 3.5　打印的空调组件装配验证

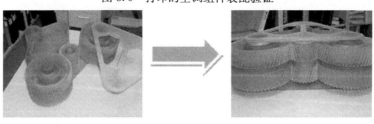

图 3.6　打印的变速箱装配、运动干涉验证

4. 铸造模型的制作

SLA 打印技术可以打印出具有特殊结构的原型样件,无限发挥设计者的想象空间;同时又大大缩减了从设计到产品成型的时间,因而 SLA 打印技术可以用于铸造模型的制作。利用此技术制造出来的铸造模型质量非常理想,不会出现传统的铸造过程中发生的胀壳、裂纹、掉渣、碳化结晶等问题。

5. 在医学上应用

3D 打印技术打印出模型,可以作为手术前模拟、手术诊断以及与患者沟通等(图 3.7)。

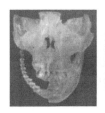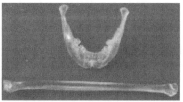

图 3.7 颌面缺损的局部头盖骨、下颌骨及小腿骨 SLA 模型

6. 在航空领域的应用

通过快速熔模铸造、快速翻砂铸造等辅助技术,可以进行特殊复杂零件的单件、小批量生产,如涡轮、叶片、叶轮等,并进行发动机等部件的试制和试验,如图 3.8(a)所示,为 SLA 技术制作的叶轮模型,图 3.8(b)展示了基于 SLA 技术采用精密熔模铸造方法制造的某发动机的关键零件。

(a)叶轮模型   (b)某发动机的关键零件

图 3.8 SLA 在航空领域的应用

3.2　SLS 技术

SLS 又称为选区激光烧结,是以激光器为能源,利用计算机控制红外激光束对非金属粉末、金属粉末或复合物的粉末薄层进行扫描烧结,层层堆积,最后形成成形件。SLS 工艺最初是由美国德克萨斯大学奥斯汀分校的 Carl Deckard 于 1989 年提出,并于 1992 年建立的 DTM 公司正式推出了该工艺的商业化生产设备 Sinter Sation。

3.2.1　原理和特点

SLS 制造系统主要由激光器、光学系统、扫描镜、工作台、供粉筒、铺粉辊和工作缸构成。为了把零件中的热应力减小到最低程度以防止翘曲变形,工作台面粉末和供粉筒的温度应分别进行预热。工作台面粉末预热温度一般在材料的软化点或熔点温度之下,而供粉筒的预热温度一般保持在使粉末能够自由流动和便于辊子铺开的温度为宜。另外,在成型过程中,为了防止烧结材料被氧化,成型腔应密闭,并充满保护气体。成型时,在事先设定的预热温度下,先在工作台上用辊筒铺一层粉末材料,然后,激光束在计算机的控制下,按照截面轮廓的信息,对制件的实心部分所在的粉末进行扫描,使粉末的温度升至熔化点,粉末颗粒交界处熔化,粉末相互黏结,逐步得到该层的截面轮廓。在非烧结区的粉末仍呈松散状,作为工件和下一层粉末的支撑。一层成型完成后,工作台下降一截面层的高度,再进行下一层的铺料和烧结,如此循环,最终形成三维工件。其成型原理如图 3.9 所示。

SLS 技术的特点归纳起来主要有以下几点:

(1)打印的材料种类较为广泛,从理论上来说,任何受热后能够形成原子间黏结的粉末材料都可以作为 SLS 的成型材料。

(2)可直接打印金属制品。

(3)打印不需要支撑,可以打印出几乎任意形状的零件,特别是对具有复杂内部结构的零部件尤为有效。

(4)应用广泛,由于材料的多样性,能打印出应用于不同场合的原型件,如原型设计验证、模具母模、精铸熔模、铸造型壳和型芯等。

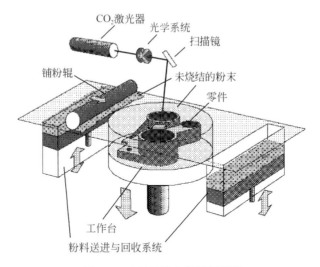

图 3.9   选择性激光烧结原理图

3.2.2   设备和材料

图 3.10 为一台 SLS 快速成型设备。在国内,有多家单位进行 SLS 的相关研究工作,如华中科技大学、南京航空航天大学、西北工业大学、华北工学院和北京隆源自动成型有限公司等。

图 3.10   SLS 快速成型设备

SLS 最突出的优点在于它所使用的成型材料十分广泛。目前,可成功进行

SLS 成型加工的材料包括以下几类:高分子基粉末、覆膜砂、金属基粉末、陶瓷基粉末等。由于 SLS 成型材料品种多、用料节省、成型件性能分布广泛、适合多种用途以及 SLS 无需设计和制造复杂的支撑系统,所以其应用越来越广泛。

3.2.3　典型应用

几十年来,SLS 工艺已经成功应用于汽车、造船、航天和航空等诸多行业,为许多传统制造行业注入了新的生命力和创造力。概括地说,SLS 工艺可以应用于以下一些场合。

(1)快速原型制造。可快速制造设计零件的原型,及时进行评价、修正以提高产品的设计质量;使客户获得直观的零件模型;图 3.11 是 SLS 工艺打印出来的汽车部件原型。

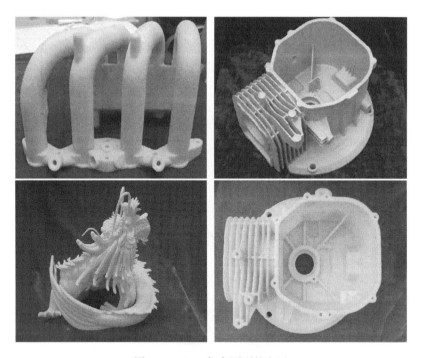

图 3.11　SLS 打印原型的应用

(2)快速模具和工具制造。SLS 制造的零件直接作为模具使用,如砂型铸造用模、金属冷喷模、低熔点合金模等;也可将成型件经后处理作为功能性零部件使用。图 3.12 为 SLS 打印的砂型砂芯。

图 3.12　SLS 打印砂型砂芯

（3）单件或小批量生产。对于那些不能批量生产或形状很复杂的零件，利用 SLS 技术来制造，可降低成本和节约生产时间，这对航空航天及国防工业来说具有重大的意义。

3.3　金属打印技术

直接制造金属零件及金属部件是制造业对增材制造技术提出的终极目标。根据材料和能量到达沉积点的先后顺序不同，可以分为选区熔化技术和熔覆沉积技术。工业制造中普遍采用激光束和电子束作为能量源。随着金属增材制造技术的不断发展，金属打印技术在各个领域的应用也不断扩大，目前已形成了三种各具特点的直接成形技术：SLM 技术、EBSM 技术和激光近净成形技术。目前，这三种技术已发展到金属原型直接制造阶段。

3.3.1 SLM 技术

SLM 是在 SLS 基础上发展起来的一种直接金属成形技术,在 1995 年由德国 Fraunhofer 激光技术研究所提出,其基本成形原理与 SLS 技术类似。

目前,欧美国家如德国 EOS、Concept Laser、SLM Solutions、英国 Renishaw 等公司在激光选区熔化成形技术与设备方面占有绝对的优势。金属激光选区熔化成形设备的成形缸面积一般为 250mm×250mm,高度一般在 300mm 左右,如德国 Concept Laser 公司的 Concept Laser M2(图 3.13),英国 RENISHAW 公司的 AM250 等,基本上都采用单束激光,功率一般为 200～400W。

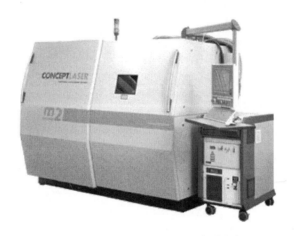

图 3.13　Concept Laser M2 成形设备

为进一步提高激光选区熔化成形的制造尺寸以及效率,德国 SLM-Solutions 公司在 2012 年 11 月,推出了 400W/1000W 激光器配两套扫描振镜组成的双光束激光选区熔化成形系统。如图 3.14 所示,该设备成形缸的尺寸为 500mm×280mm×325mm。这两台激光扫描装置可以单独工作,也可以同时工作。为满足航空航天等领域大尺寸零件成形的需求,Concept Laser 已开发出目前世界上加工成型尺寸最大的 SLM 设备——X line2000R,该设备成形缸的尺寸为 800mm×400mm×500mm。

SLM 工艺过程中金属粉末在高能激光辐照下完全熔化,从而使金属粉末颗粒之间发生冶金结合,加工的零件不需要后处理其致密度近乎 100%,且具有较好的力学性能。特别适用于制造具有复杂内腔结构且难加工的钛合金、高

图 3.14 SLM-Solution 双光束激光选区熔化成形设备

温合金等零件。图 3.15 为 SLM 技术成形的复杂薄壁金属零部件。

(a)航空发动机燃烧室   (b)薄壁夹层喷嘴

图 3.15 采用 SLM 打印出来的复杂薄壁金属零部件

但是 SLM 技术也存在一些不足,例如,加工速度相对较低,大致为 20mm³/s;另外,零件尺寸大小还要受到铺粉工作箱的限制,当前通常使用的激光选区熔化成形设备制造体积为 250mm×250mm×280mm,尚不适合制造大型的整体零件。

目前,欧美发达国家在精密激光选区熔化成形方面的粉体原材料制备、成形设备、软件及工艺等领域处于领先地位。国内北京航空制造工程研究所、西安铂力特激光成形技术有限公司、西北工业大学、华中科技大学、华南理工大学等单位也正在开展相关研究,并取得了一定成绩。

3.3.2　EBSM 技术

EBSM(EBM)技术原理与 SLM 大致相同,只不过是以电子束为能量源。电子束在电磁偏转线圈的作用下由计算机控制对粉末进行加工成型,具有能量利用率高、无反射、功率密度高、扫描速度快,真空环境无污染等优点,原则上可以实现活性稀有金属材料的直接洁净快速制造。

成立于 1997 年的瑞典 Arcam 公司是全球最早开展 EBSM 成形装备研究和商业化开发的机构。目前,Arcam 公司商业化 EBSM 成形装备最大成形尺寸一般为 200mm×200mm×350mm,铺粉厚度从 100μm 减小至现在的 50～70μm,电子枪功率 3kW,电子束聚焦尺寸 200μm,最大扫描速度为 8000m/s,熔化扫描速度为 10～100m/s,零件成形精度为±0.3mm。图 3.16 为 Arcam 公司推出的 Q20 电子束选区成型设备外观图。

图 3.16　Arcam Q20 电子束选区成型设备

国内的中航工业制造所、清华大学、西北有色金属研究院等机构也开展了 EBM 成形装备的研制。图 3.17 是利用 EBM 技术成形的零件。

3.3.3　激光近净成型技术

激光近净成型技术(laser engineered net shaping,LENS)是美国 Sandia 国家实验室于 1995 年首先提出,Optomec design 公司于 1997 年实现了对其商业

(a) TiAl基低压涡轮叶片 　　　　(b) 用于植入人体的小梁结构

图 3.17　EBM 技术成形的金属零件

化的运作。该系统主要由连续 Nd：YAG 固体激光器、可调气体成分的手套箱、多轴计算机控制定位系统和送粉系统四部分构成。其中，Nd：YAG 激光器功率 700W，波长 1.064μm，此波长有利于金属元素吸收激光热辐射，使用 150mm 焦距的平凸透镜把激光束聚焦到加工平面上。数控运动系统可以灵活地加工复杂的零件，环形粉末喷嘴的送粉装置实现送粉量的精确调节，同轴送粉器由送粉器、送粉头和保护气路三部分组成。加工环境为惰性气氛保护下的手套箱，避免加工过程中金属材料与空气中 O、N 等元素发生反应。

　　LENS 技术可以直接制造形状结构复杂的金属功能零件或模具，材料可以是熔点高、难加工的金属或合金材料，还能实现异质材料的加工。

　　国内外各研究单位对激光直接金属快速成形技术有不同的命名，如美国 LOS Alamos 国家实验室命名为直接光学制造技术（direct light fabrication，DLF）、美国密西根大学命名为直接金属沉积技术（direct metal deposition，DMP）、国内的西北工业大学命名为激光立体成形技术（laser solid forming，LSF）。

3.4　3DP 技术（黏结剂型）

3.4.1　原理和特点

　　3DP 技术由美国麻省理工大学的 Emanual Sachs 教授于 1993 年发明，3DP 的工作原理类似于传统的喷墨打印机，是与"3D 打印"概念最相近的成型技术。

3DP 工艺与 SLS 也有类似的地方,都是采用如陶瓷、金属、塑料等粉末材料,但 3DP 使用的粉末并不是通过激光烧结黏合在一起,而是通过喷头喷射黏合剂将工件的截面"打印"出来,并一层层堆积成型,如图 3.18 所示为 3DP 的技术原理。首先,设备将工作槽中的粉末铺平,接着喷头会根据指定的路径将液态黏合剂喷射在粉层上的指定区域中,如此循环,直到工件完全成型,然后除去模型上多余的粉末材料即可。

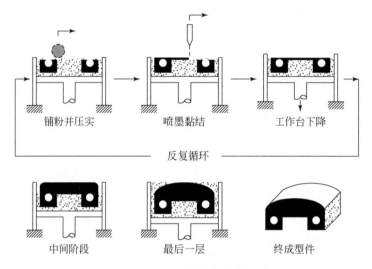

铺粉并压实　　　　　喷墨黏结　　　　　工作台下降

反复循环

中间阶段　　　　　最后一层　　　　　终成型件

图 3.18　3DP(黏结剂)技术原理

3DP 技术的优势在于成型速度快、无需支撑结构,而且能够输出彩色打印产品,这是其他技术都比较难以实现的。但是 3DP 技术也有不足:首先,粉末黏接的直接成品强度并不高,只能作为测试原型;其次,由于粉末黏接的工作原理,成品表面不如 SLA 光洁,精细度也有劣势,如果产品需要一定强度,还需要一系列的后续处理工序。此外,由于制造相关材料粉末的技术比较复杂、成本较高,且容易受潮,会造成一定的损失。

3.4.2　工艺过程

3DP 的工艺过程一般也分为数据前处理、打印过程、后处理三大阶段。首先,工作人员利用 CAD 等制作软件设计出所需要打印的模型,将设计的模型格式转换为 STL 格式,然后切片,将数据输入打印机中进行打印。其次,打印开始时,在成型室工作台上均匀地铺上一层粉末材料,然后喷头按照原型截面形状将黏结材料有选择性的打印到已铺好的粉末上,使原型截面有实体区域内的粉末黏结在一起,形成截面轮廓,一层打印完后,工作台下降到一个截面的高度,然后重复上面的步骤,直至原型打印完成。最后,在原型打印完毕后,工作人员把原型从工作台上拿出,进行后处理,实施高温烧结、热等静压等工艺。图 3.19 为 3D 打印的工艺过程。

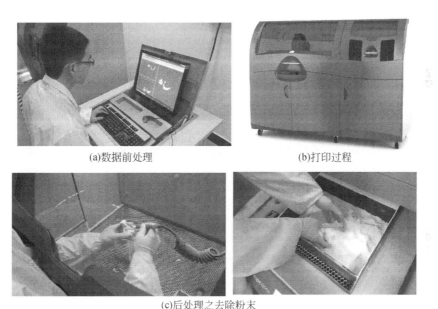

(a)数据前处理　　　　　　　　　　　(b)打印过程

(c)后处理之去除粉末

图 3.19　3D 打印的工艺流程

3.4.3　设备和材料

目前采用 3DP(黏结剂)技术最重要的厂家有 3 家:生产 Z-Corp 系列产品的美国 3D Systems 公司、打印砂型的美国 Exone 公司和德国的 Voxeljet 公司,如图 3.20 所示为三种不同型号的 3DP 设备。目前可以使用的打印耗材有石膏粉末、陶瓷粉末、金属粉末以及砂粉等。

(a) Z-Corp设备　　　　　　(b) Exone设备　　　　　　(c) Voxeljet设备

图 3.20　三种不同型号的 3DP 设备

3.4.4　典型应用

3DP(黏结剂)技术主要的应用领域:一为原型验证和造型、人像等;二为铸造砂型打印。原型验证主要是针对研发产品进行外观验证,主要采用 Z-Corp设备。图 3.21 是彩色打印原型。

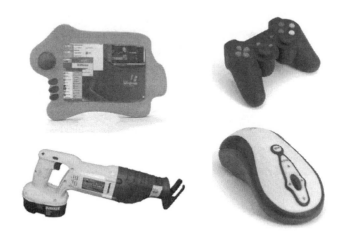

图 3.21　彩色打印原型

铸造砂型打印设备主要用于打印铸造砂型,可采用 Exone 或 Voxeljet 设备,图 3.22 为铸造砂型。

图 3.22 铸造砂型

3.5 3DP 技术(树脂型)

3.5.1 原理和特点

PolyJet 聚合物喷射技术是以色列 Objet 公司于 2000 年初推出的专利技术,它的成型原理与 3DP(黏结剂型)有点类似,不过喷射的不是黏合剂而是光敏树脂材料,图 3.23 为 PolyJet 聚合物喷射系统的结构。

PolyJet 的喷射打印头沿 X 轴方向运动,工作原理与传统喷墨打印机十分类似,不同的是喷头喷射是光敏树脂材料,而不是黏结剂。当光敏树脂材料被喷射到工作台上后,UV 紫外光灯将沿着喷头工作的方向发射出 UV 紫外光,对光敏树脂材料进行固化。完成一层的喷射打印和固化后,工作台会下降一个层厚,喷头继续喷射光敏树脂材料进行下一层的打印和固化。如此循环,直到整个工件打印完成。

在成型过程中要使用两种不同的光敏树脂材料,一种是用来生成实体的材

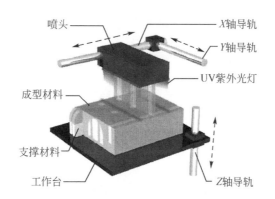

图 3.23 3DP(树脂型)结构原理图

料,另一种是用来打印支撑的树脂材料。这种支撑材料用在辅助位置,例如,用于一些悬空、凹槽、复杂细节和薄壁等结构。当完成整个打印成型过程后,只需要使用水枪就可以把这些支撑材料去除,而最后留下的是拥有整洁光滑表面的成型工件。使用 PolyJet 技术成型的工件精度较高,最薄层厚度能达到 $16\mu m$。设备适合于普通的办公室环境。此外,PolyJet 技术还支持多种不同性质的材料同时成型,能够制作非常复杂的模型,其特点如表 3.1 所示。

表 3.1 3DP 技术(树脂型)优缺点

优点	高质量	由于分层厚度最薄可以达到 $16\mu m$,因此零件表面质量非常高
	高精度	可以实现超精细细节,薄壁厚度最低可达 $0.2\sim0.5mm$
	清洁	适合办公室环境,用户不需要接触到树脂,支撑易清除
	快速	采用多喷嘴,速度快,后处理简单
	彩色	可以实现彩色打印
缺点	成本高	目前该技术的设备、材料及维护费用均较高
	打印速度慢	与 SLA 等技术相比,就打印体积进行比较,速度较慢
	材料利用率相对较低	为避免堵头问题,打印零件时必须打印辅助件,会造成一定浪费

3.5.2 工艺过程

工艺过程也一般分为数据前处理、打印过程、后处理三大阶段。

(1)数据前处理:生成打印实体和支撑的位置。

(2)打印过程:3D 打印机喷射细小光敏树脂液滴并立即使用紫外线将其固

化。薄层聚集在构建托盘上,形成精确的 3D 模型或零件。3D 打印机会在悬垂部分或形状复杂需要支撑处喷射可去除的凝胶状支撑材料。

(3)支撑去除:可轻松地用手或水去除支撑材料。可直接对 3D 打印机生成的模型和零件进行处理和使用,无需后续固化。

3.5.3 设备和材料

3DP 技术(树脂型)主要有两家公司在使用,一是 Stratasys 公司(原本是 Objet 公司,后与 Stratasys 公司合并)的 Polyjet 技术;二是 3D Systems 公司的 MJP(multi jet printing)技术。本书统一称为 PolyJet 技术。图 3.24 分别为 Stratasys 公司的 Objet 设备和 3D Systems 公司的 MJP 设备。

图 3.24　Stratasys 公司的 Objet 设备和 3D Systems 公司的 MJP 设备

目前可以使用的打印耗材是光敏树脂,根据功能不同可以分为实体和支撑材料两种。以 Objet 设备为例,树脂有满足多种场合需求的类型,如透明材料,用于细节复杂的透明塑料部件的观察与验证;橡胶类材料,适用于多种要求防滑或柔软表面的应用;刚性不透明材料系列,包括白色、灰色、蓝色和黑色等多种颜色;聚丙烯类材料,用于卡扣配合应用;数字 ABS,模拟 ABS 级的工程塑料;高温材料,用于高级功能测试、热空气和水流测试、静态应用和展览模型。

3.6　FDM 技术

3.6.1　原理和特点

FDM 技术由 Scott Crump 在 1988 年提出,美国 Stratasys 公司在 1993 年开发出第一台 FDM1650 机型。国内的清华大学与北京殷华公司也较早地进行了 FDM 工艺商品化系统的研制工作,目前太尔时代不仅在国内市场有较大占有率,而且在海外市场也有较好名声。

FDM 技术原理示意如图 3.25 所示。其工作原理是将丝状的热熔性材料

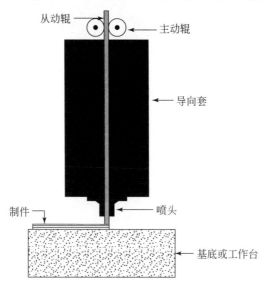

图 3.25　FDM 技术原理示意图

加热熔化,通过带有一个微细喷嘴的喷头挤喷出来。喷头可沿着 X 轴方向移动,而工作台则沿 Y 轴和 Z 轴方向移动,材料被挤出后与上一层的材料黏结在一起。完成一个面后工作台下降一个层厚,再继续熔喷沉积,如此反复直到完成打印工作。

　　FDM 的优点是设备成本低,易于操作,后处理较为简单;缺点是精度低,成型件的表面有较明显的条纹,沿成型轴垂直方向的强度比较弱等。同其他工艺类似,FDM 工艺过程包括设计三维 CAD 模型,CAD 模型的近似处理,对 STL 文件进行分层处理、造型、后处理等步骤。

3.6.2　设备和材料

　　目前 Stratasys 公司主推机型为 Fortus 系列,如图 3.26 所示。

图 3.26　Stratasys 公司的 Fortus 机型

　　国内的北京太尔时代聚焦于桌面式 FDM 设备的研制,其 UP BOX 是最新款桌面级 3D 打印机,获得用户的一致好评(图 3.27)。

　　FDM 工艺使用的材料分为两部分:一类是成型材料,另一类是支撑材料。目前比较常用的 FDM 材料主要包括 ABS(丙烯腈-丁二烯-苯乙烯),ABSi 医学专用 ABS、E20、ICW06 熔模铸造用蜡,可机加工蜡,造型材料等。FDM 工艺对成型材料的要求是熔融温度低、黏度低、黏结性好、收缩率小。FDM 技术的关键在于热融喷头,喷头温度的控制要求材料挤出时既保持一定的形状又有良好的黏结性能。除了热熔喷头以外,成型材料的相关特性也是 FDM 工艺应用过程中的关键。

图 3.27　北京太尔时代 UP BOX 设备

3.7　LOM 技术

3.7.1　原理和特点

叠层实体制造(laminated object manufacturing,LOM)。工艺采用薄片材料,如纸、塑料薄膜等,片材表面事先涂覆上一层热熔胶。加工时,热压辊热压片材使之与下面已成形的工件黏接,再用 CO_2 激光器(或刀具)在刚黏接的新层上切割出零件截面轮廓和工件外框,并在截面轮廓与外框之间多余的区域内切割出上下对齐的网格。切割完成后,工作台带动已成形的工件下降,与带状片材(料带)分离。供料机构转动带动收料轴和供料轴,带动料带移动,使新层移到加工区域,工作台上升到加工平面,热压辊热压,工件的层数增加一层,高度增加一个料厚,再在新层上切割截面轮廓。如此反复直至零件的所有截面黏接、切割完,得到分层制造的实体零件(图 3.28)。

3.7.2　设备和材料

LOM 技术由美国 Helisys 公司的 Michael Feygin 于 1986 年研发成功。此

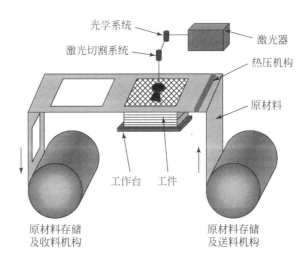

图 3.28　LOM 技术原理示意图

外,还有日本 Kira 公司、瑞典 Sparx 公司、清华大学、华中科技大学等也在从事该技术的研究。但目前该工艺已处于边缘化,仅有个别厂家生产此类工艺的快速成形机设备。

最具代表性的是以色列 Solidimension 公司及国内的紫金立德。SD300 型设备(图 3.29)是一种桌面型 3D 打印机,采用 PVC 薄膜作为材料,利用机械刀头进行切割。

图 3.29　Solidimension 公司的 SD300 型设备结构原理图

LOM 材料一般由薄片材料和热溶胶两部分组成。薄片材料通常有纸片材、金属片材、陶瓷片材、塑料薄膜和复合材料片材,其中纸片材应用最多。热熔胶材料通常有乙烯-醋酸乙烯酯共聚物型热熔胶、聚酯类热熔胶、尼龙类热熔胶或其他混合物。

3.8　DLP 技术

3.8.1　原理和特点

数字光处理(digital light processing,DLP)是一项使用在投影仪和背投电视中的显像技术。DLP 技术最早由德州仪器开发出来。在最近几年,DLP 技术被应用到 3D 打印行业,其原理基本与 SLA 类似,区别在于 SLA 技术是激光点光源扫描成型一个面,而 DLP 每次直接投射成型一个截面位图,这使得成型速度大大提升。DLP 技术属于面曝光的范畴,它打破传统激光振镜点扫描式,具有高亮度、高对比度和高分辨率的显示图像,因此,DLP 技术在 3D 打印中的应用越来越广。

DLP 从传统意义可以理解成投影机,一台完整的 DLP 投影机组成部分包括紫外光源、光路系统、DMD 芯片以及投影镜头。

图 3.30 是 DLP 技术原理示意图。DLP 投影机在计算机的控制下逐层投影固化成型。基本过程如下:首先,受控于 Z 轴的工作平台通过升降机构动作,置位于充满树脂的树脂槽底部并与槽底面留出一个大小合适的缝隙;然后 DLP 投影机投在树脂槽底部固化缝隙内的树脂形成第一层,固化后的树脂牢牢黏在托板上,接着托板上升一层,DLP 投影机继续投在树脂槽底部固化处第二层,并与上一层黏结在一起。如此依次固化出模型的各个截面,直至制作出整个模型,成型后的模型将会牢牢粘在工作平台上。

3.8.2　顶部投影式和底部投影式 DLP 型 3D 打印机

根据扫描或投影(SLA 为扫描,DLP 为投影,后面统一称为投影)方向的不同,可以分为顶部投影和底部投影。第一种(图 3.31 左)是将 DLP 放置在工作平台及树脂液位上方,从上部投影光固化,每层做件完成后工作平台下降一个

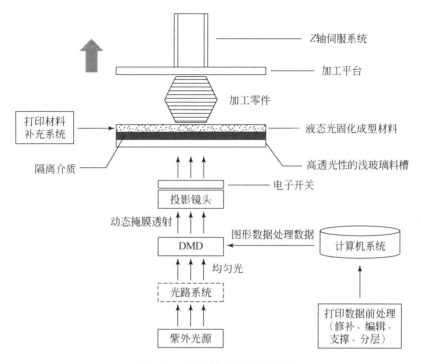

图 3.30　DLP 技术原理示意图

层厚,逐层打印,最终实现样件的制作;第二种方式(图 3.31 右)将 DLP 放置在工作平台及树脂槽下部,从底部投影,底部投影的光通过透明的树脂槽底部,将树脂槽最底部一层固化,然后工作平台上升一个层厚,逐层累加,最终实现样件打印。

顶部投影方案中,工作平面位于树脂的上表面,由于树脂本身有张力,所以需要涂覆装置,以对树脂工作平面进行刮平和涂覆,但是这样就增加了系统复杂度。而且,由于树脂的张力,每一层的加工厚度不能太小,业内一般认为最薄为 0.05mm,这样就降低了加工精度。一般顶部投影需采用涂覆装置系统来维持树脂液面的水平。底部投影方案,工作平面位于树脂的下表面,光穿过树脂槽底,将靠近树脂槽底的一定厚度的液态树脂固化。树脂槽底起到了压平作用,每一层树脂的平面度就是树脂槽底的平面加工精度,而且由于毛细作用,树脂会自动填满加工区域,所以不需要涂覆装置。

顶部投影方案中,一般采用不锈钢作为树脂槽材料,底部投影方案中,一般采用透明石英或透明亚克力作为树脂槽材料。但是,底部投影也有缺点,液态树脂固化后,会与石英或亚克力的树脂槽底黏结在一起。所以,必须采取措施,在每一层固化后,能使得固化层轻松脱离树脂槽底。表 3.2 是他们的各自特点。

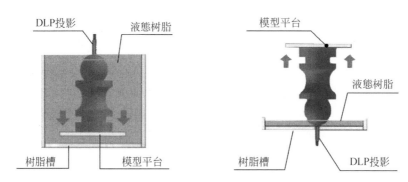

图 3.31　顶部投影式和底部投影式 DLP 示意图

表 3.2　顶部投影式和底部投影式 DLP 技术特点

序号	参数	顶部投影式	底部投影式	说明
1	最小分层厚度	约 $50\mu m$	约 $15\mu m$	底投影式有更小分层厚度,保证了高的精细度(Z 方向更精细),有效减少层纹线
2	首槽树脂	很大	少量即可打印	底投影式只需树脂槽内少量树脂即可打印;而上投影式,需要较高的树脂槽,且几乎满槽树脂才能开始打印
3	换槽(材料)	难更换,基本不换	易更换材料	底部投影式树脂槽小,易更换
4	树脂槽寿命	可靠,稳定	易坏,常用备件	底部投影式树脂槽需添加防黏镀层,但镀层有一定使用寿命,需定期更换
5	树脂槽	不锈钢等	透明石英或亚克力等	底投影式从底部照射树脂,需透射率较高的材料
6	辅助系统	涂覆系统	分离系统	涂覆系统是为了保证树脂上表面的水平和刮除气泡;分离系统时使底部固化后的树脂和树脂槽底部表面顺利脱离

3.8.3　设备和材料

DLP 快速成型技术也采用液态光敏树脂为材料,利用特定波长的光,对液态光敏树脂进行选择性固化,实现打印。SLA 光源的波长有 355nm、365nm、405nm 等多种,而 DLP 打印机的光源市面上一般为 405nm,主要是因为常规应用的德州仪器(TI)的核心芯片 DMD 经紫外光的照射后,寿命会缩短,如果要实现 355nm 紫外光源的投射,光学系统需重新定制新的元器件,其光学成本将会非常昂贵。与之对应的,光固化树脂需要特定波长的光源来固化。一般来说,由于 DLP 投影的单位面积能量小,其匹配的树脂需对光有更好的灵敏度,否则固化反应速度慢或不能固化。相比较而言,SLA 是点光源,能量比较集中,非常容易固化对应的树脂,与之匹配的树脂对光的灵敏度要低一些。

通过面曝光成型,具有固化速度快、成型精度高等优势,但 DLP 机器只能适用于中小型幅面,一般多用于高精度、样件较小的领域。DLP 打印技术应用范围较广,可广泛应用于珠宝、助听器、玩具、工艺品、工业设计以及医疗等领域。

3.9　技 术 比 较

以上介绍的几种打印技术,都有较为广泛的应用,但是每种技术都有其各自的优缺点,在实际应用中要根据要求择优选择采用哪种打印技术。

1. SLA 与 DLP(上投影 SLA 与底投影 DLP)

(1)SLA 幅面大于 DLP。

(2)DLP 的尺寸精度及精细度优于 SLA。

(3)DLP 的分层厚度小于 SLA。

(4)DLP 的单层打印时间优于 SLA。

(5)SLA 必须有大量首槽树脂,DLP 无需。

(6)DLP 的树脂槽为易耗品,对打印稳定性造成影响。

2. SLA 与 SLS

(1)SLS 的材料多样性优于 SLA,且材料为工程塑料,力学性能较好。

(2)SLA 的尺寸精度优于 SLS。

(3)SLA 的表面质量优于 SLS。

(4)SLA 设备结构相对简单,成本低于 SLS。

(5)SLS 无需支撑。

3. SLA 与 3DP(树脂型)

(1)SLA 效率优于 3DP。

(2)3DP 可以采用水溶性支撑,后处理优于 SLA。

(3)3DP 可以实现多色彩,SLA 无法实现。

(4)3DP 的精度和精细度略优于 SLA。

(5)SLA 幅面比 3DP 大。

(6)3DP 设备更办公化,对环境影响小。

4. FDM 与 3DP(树脂型)

(1)FDM 的材料种类多,性能优于 3DP,且价格更低。

(2)FDM 的维护成本低,更稳定。

(3)FDM 设备的环境要求低于 3DP。

(4)FDM 的表面质量逊于 3DP。

(5)FDM 效率低于 3DP。

(6)3DP 的色彩效果远优于 FDM。

(7)FDM 后处理更容易。

5. SLS 与 SLM

(1)一般认为 SLS 可以打印塑料材料,SLM 可以打印金属材料。

(2)SLS 也可以打印金属,但力学性能较差,且必须经过复杂的预处理与后处理工序。

(3)SLM 的激光功率远高于 SLS。

6. SLM、EBM 与 LENS

(1)SLM 与 EBM 均适合小尺寸高精度零件,LENS 适合大尺寸低精度零件。

(2)SLM 与 EBM 均采用选区成型技术,LENS 不是。

(3)SLM 与 LENS 均采用激光技术,EBM 采用电子束技术。

(4)SLM 的尺寸精度优于 EBM,但力学性能逊于 EBM。

(5)SLM 采用惰性气体环境,EBM 需要真空环境。

第 4 章　3D 打印装备商

1986 年，Charles 开发出 SLA 技术，并成立了 3D Systems 公司。1989 年，Scott 开发出 FDM 技术，并依此设立了 Stratasys 公司。Stratasys 通过并购以色列 Object 公司，收购美国 MakerBot 公司，分别获得 Polyjet Matrix 技术和桌面级产品技术。3D Systems 近年来也通过多次收购，将公司打造成了涵盖全产业的 3D 打印专业化公司。

目前，这两家公司垄断了大部分的打印装备。根据市场统计，这两家公司在 2011 年全球专业打印机销量占据了 71%，其中 Stratasys 占 53%，3D Systems 占 18%。Stratasys 和 3D Systems 在发展模式上有所不同，Stratasys 主营打印机的生产和销售，而 3D Systems 除了打印机的生产和销售外，还经营打印材料和打印服务业务。除了这两家外，独立的 3D 打印装备商还包括：美国的 ExOne，瑞典的 Arcam，德国的 EnvisionTEC、EOS、Concept laser、SLM Solutions 和 Voxelijet 公司等（表 4.1）。

表 4.1　国外主要 3D 打印装备公司

公司	国家	有关信息
Stratasys	美国	成立于 1989 年，纳斯达克上市，全球销售规模第二大的 3D 打印设备供应商
3D Systems	美国	成立于 1986 年，纽交所上市，目前全球销售规模最大的 3D 打印解决方案供应商
EOS	德国	成立于 1989 年，全球雷射激光粉末烧结技术 3D 打印设备供应商
ExOne	美国	成立于 2005 年，纳斯达克上市。提供 3D 打印砂型和金属零件技术
Voxeljet	德国	2013 年 10 月纽交所上市，有 5 款 3D 打印设备，为客户提供 3D 打印设备、耗材和复杂模具、模型定制
Arcam	瑞典	成立于 1997 年，瑞典的上市，公司总部及生产设施均位于瑞典的莫恩达（Mölndal），主要客户是骨科植入物制造商和航空航天等行业的制造商

续表

公司	国家	有关信息
Envision TEC	德国	成立于 2002 年,公司总部和生产设备位于德国和美国,销售和服务中心在英国。以 DLP 投影打印机和生物打印机 3D-Bioplotter 为主,主要客户是航空航天、建筑、珠宝、玩家、牙科(牙冠、牙桥和临时牙齿)
Concept laser	德国	拥有 LaserCUSING 技术专利,主要提供金属打印装备
SLM Solutions	德国	总部位于德国的 Luebeck,该公司的客户主要分布在汽车、航空、建筑和消费电子等行业,另外医疗工程方面也使用该公司技术生产钛合金植入物
Organovo	美国	成立于 2007 年,总部位于美国加州圣迭戈。生产销售 MMX 3D 生物打印机,打印功能性人体组织以用于研究和医疗应用

4.1　Stratasys

Stratasys 公司是 Scott Crump 和其妻子 Lisa 于 1989 年在美国明尼苏达州成立,该公司 1994 年在 Nasdaq 上市,2013 年 1 月的股市市值为 35.2 亿美元。2003 年公司使用的 FDM 技术是最畅销的打印技术,2007 年已在全球增量制造系统中占有 44%。目前公司拥有技术专利超过 500 项,可打印的材料超过 130 余种,全球 8000 多家客户。近些年来,Stratasys 不断地通过收购,维持其在 3D 打印行业寡头地位。

2011 年 5 月收购 Solidscape,以取得在蜡模和铸件制作方面的先进技术,获得了热敏按需喷墨法(drop-on-demand,DoD)。

2012 年 4 月,合并了以色列 Objet 公司,并获得 Polyjet Matrix 技术。

2013 年 6 月,收购 Maker Bot 公司,获得了 3D 打印网站 Thingiverse、相关的扫描设备和 Maker Bot Replicator 2 桌面级和实验室级的产品。

2014 年 Stratasys 分别收购了固体概念(solid concept)、Harvest Technologies 以及 Interfacial Solutions。Solid Concept 成立于 1991 年,坐落在美国加州,是北美最大的打印服务公司,美国有 6 个工厂,拥有约 450 名员工。Harvest Technologies 成立于 1995 年,总部设在德克萨斯州的 Belton,也是专业从事零部件生产的 3D 打印服务公司。该公司在材料和系统领域有自己的专有技术,拥有约80名员工。Interfacial Solutions坐落于威斯康星州,主要业务是为塑料行业提供热塑性塑料的研发和生产服务,拥有专利50多项。

2014年9月,收购计算机辅助设计社区GrabCAD。GrabCAD成立于2009年,总部位于美国麻省剑桥,是一个面向机械设计工程师的交流分享社区,GrabCAD主要为用户提供CAD模型共享服务,帮助设计师与工程师共同完成项目开发。当前有近100万工程师、设计师以及CAD爱好者通过该平台分享并协作完成3D模型。

Stratasys公司产品技术以FDM、DoD和Polyjet三大核心技术支撑。FDM用于功能性零件的生产,Polyjet用于高分辨率或精细光滑表面零件的打印,DoD用于复杂的湿蜡熔模的打印。图4.1是Stratasys拥有的专利分布图。

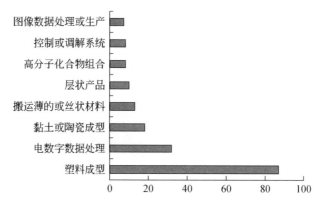

图4.1　Stratasys拥有的专利分布图

Stratasys公司产品主要有3个系列:灵感(Idea)、创造(Design)和制造(Production)。Idea系列主要有Mojo和uPrint两个品牌,都是采用FDM技术,用来教学和打印模型。Design系列包括Stratasys原来的Dimension系列产品和合并前的Object公司的Connex和Eden。其中,Dimension主要采用FDM技术,而Connex和Eden是采用Polyjet技术,connex、Eden和Desktop都具有高精度打印等优点,只是打印的产品尺寸有所不同,connex的容量比较大(图4.2)。

图 4.2　Stratasys 产品线

4.2　3D Systems

　　3D Systems 成立于 1986 年，坐落于美国南卡罗来纳州罗克希尔，专门提供 3D 打印综合解决方案的企业，2013 年 1 月的市场市值为 37.5 亿美元。

　　3D Systems 自己定位为"领先全球的供应商，向个人、专业人士和制造领域提供从内容到打印的 3D 一体化解决方案，并为专业人士和普通消费者提供同样的集成打印材料和按需定制零部件服务"。

　　公司在近年进行了 30 多项收购活动，将公司覆盖增量制造的全产业链，表 4.2是近年来部分收购案例。

表 4.2　3D Systems 在 2009 年以来的部分收购案例

时间/ （年-月-日）	公司	备注
2009-10-2	Acu-Cast Technologies	快速雏型方法与制造服务供应商，提供精密零件
2010-2	Moeller Design	精密铸造快速制模企业
2010-7	Protometa	压铸模拟造型软件公司

续表

时间/ (年-月-日)	公司	备注
2010-7	CEP	选择性激光烧结专业技术企业
2010-9-20	Express Pattern	精密铸造制模企业
2011-3-15	Accelerated Tech	零部件服务商,扩大其客户零部件服务业务
2011-4-15	Sycode	电脑辅助设计软件制造商
2011-11-22	Z Corporation	多色喷墨 3D 打印领域领导者。希望更多设计师能够使用到多色 3D 打印技术、提供更全面的客户体验、快速改进新应用并为 Z Corporation 新一代创新打下基础
2012-4-18	Vidar Systems Corporation	成像技术的领先供应商,专门服务于医疗和牙科成像市场
2012-10-9	Rapidform	全球领先的三维扫描 CAD 和检测软件工具 RapidForm,公司位于韩国首尔。凭借强大的扫描和检测软件解决方案扩展其行业领导地位
2013-1-8	Geomagic	模型软件商,进一步扩大公司在 3D 打印的市场份额
2013-1-14	Co-web	Co-web 的 Cubify 平台是款获许可制作收藏品的工具,同时也是使用最广泛定制雕像的工具,和个性 3D 全彩色打印在线工具
2013-5-2	RPDG(Rapid Product Development Group,Inc.)	RPDG 公司位于圣地亚哥,专注注塑成型、数控加工、模具铸造、模型制作和快速原型等技术
2013-6-13	Phenix Systems	Phenix Systems 是 SLS 设备生产商。其生产的金属 3D 打印机可以打印密度非常高的金属工件和陶瓷工件
2013-8-22	英国增材制造公司 CRDM	RDM 成立于 1995 年,是一家快速成型和快速机床服务的供应商,主要开发激光烧结成型技术
2014-11-24	Cimatron	在纳斯达克上市的公司,是 3D CAD / CAM 软件产品和制造解决方案的领先供应商。Cimatron 公司产品的主要客户包括全球范围内的模具、工具和其他制造商。Cimatron 公司拥有两大产品线,CimatronE 的和 GibbsCAM 软件
2014-7-30	仿真手术设备巨头 Simbionix	成立于 1997 年,总部设在俄亥俄州克利夫兰,是在 3D 虚拟现实手术模拟和培训领域的全球领先者。Simbionix 致力于通过教育和协作推进临床表现,优化手术的结果。有超过 16 个仿真平台,可以介入超过 60 种不同的手术

续表

时间 (年-月-日)	公司	备注
2014	两家快速成型公司 （APP 和 APM）	这两家公司在北美地区有很强的市场基础,合计拥有 24 年制造服务部门和原型设计经验
2014	Medical Modeling	提供虚拟医疗方案(virtual medical program,VSP),让外科手术医生能够提前演练手术方案,尤其是在面对脑部和颈部手术的时候。并且 MedicalModeling 公司还维护着 3D 脑颅和头骨数据库,可 3D 打印头骨模型供展示和学习使用
2014-4-16	Robtec	拉丁美洲最大的增材制造服务商和领先的 3D 打印及 3D 扫描产品分销商,总部设在巴西圣保罗
2014-9-4	LayerWise	拥有自己开发的打印装备并直接金属 3D 打印和制造服务供应商,比利时的 LayerWise 公司。该公司是早先从鲁汶天主教大学(Catholic University of Leuven)分离出来的。客户主要分布在航空航天、精密仪器和医疗及牙科领域
2014	Laser Reproductions	先进制造产品开发和工程服务商 Laser Reproductions
2015-4-6	无锡易维模型设计制造 有限公司	为加强和扩大 3D Systems 公司的 Quickparts 业务在中国的拓展,收购了无锡易维模型设计制造有限公司以及该公司在上海、无锡、北京、广东和重庆的业务。并将该公司改组为 3D Systems 中国(3D Systems China)公司。无锡易维与中国很多行业如汽车、医疗和消费品等的领先企业有业务合作关系,其主要客户包括:大众、日产、飞利浦、欧姆龙、Black&Decker、松下、霍尼韦尔等

3D Systems 拥有 50 款打印机产品,涵盖了个人和专业机,有 FDM、SLA、SLS、SLM 和喷墨打印等主流打印技术,如表 4.3 所示。还自主开发了家庭用 Cubify 和专业用 Alibre3D 打印设计软件。

表 4.3　3D Systems 产品

类型	打印机系列	打印材料	使用对象
桌面级打印机	Cube 系列	ABS 塑料和 PLA 塑料	个人消费者
	ProJet 系列	塑料等	

类型	打印机系列	打印材料	使用对象
专业级打印机	ProJet 高精度塑料件	塑料等	企业、学校、研究所和工业设计部门
	ProJet CP 蜡型	塑料等	
	ProJet 彩色	塑料等	
	ProJet DP 和 MP 系列	塑料等	
企业级打印机	SLA 打印机	塑料等	
	激光烧结 SLS	塑料等	
	voxelJet	多功能塑料,硅砂	
	直接激光金属打印	多种金属合金,包括不锈钢、钛合金、工具钢等以及陶瓷和氧化铝	

4.3 EOS

德国 EOS 公司创立于 1989 年,总部位于德国慕尼黑。主要从事打印机、打印材料及打印解决方案的开发,是 SLS/SLM 技术 3D 打印全球领导厂商。

EOS 主要业务集中在航空航天、医疗和汽车行业高端精密零部件的制造。航空航天客户包含了世界顶尖制造商,包括空客、波音、通用电气、日本航空电子、法国斯奈克玛(欧洲重要航空航天动力装置研制公司)等巨头。汽车行业客户有宝马、保时捷、大众、奥迪、捷豹、丰田、沃尔沃等世界级厂商。医疗产品集中在植入物、牙科产品等尖端应用领域。表 4.4 和表 4.5 是 EOS 公司发展史以及该公司系列产品信息。

表 4.4 EOS 公司发展史

时间/年	事件
1989	由 Hans Langer 和 Hans Steinbichler 合伙建立 EOS GmbH Electro Optical Systems
1990	EOS 总部迁往 Planegg,第一个客户是德国慕尼黑的宝马汽车公司
1992	基于 SLA 技术的 STEREOS 600 发布,提供给奔驰公司
1993	日本日立公司购置 2 台基于 SLA 技术的 STEREOS 600 打印设备
1994	发布基于 SLS 技术的 EOSINT P 350。与 Electrolux 合作研究 DMLS 技术,并推出原型机 EOSINT M 160

续表

时间/年	事件
1995	发布 EOSINT M 250
1997	与 3D Systems 达成协议,出售 STEREOS 产品线给 3D Systems 以获得使用激光烧结技术应用权利,开始了 SLS 的金属粉末制造产品
1998	推出金属材料 DirectMetal 50-V2 和 DirectMetal100-V3,同时推出金属 SLS 的 EOSINT M 250 Xtended 系统和配套的 DirectSteel 50-V1 材料
1999	推出基于 SLS 的塑料 3D 打印机 EOSINT P 360
2000	发布双激光头的 SLS 技术的 EOSINT P 700 打印机
2004	发布塑料打印的升级系统 EOSINT P 385 和 EOSINT P 700,以及 DMLS 的系统 EOSINT M 270
2009	发布了新的塑料打印的 SLS 系统 EOSINT P 395 和 EOSINT P 760,同时发布了新的金属材料:EOS 镍合金 IN718 和 EOS 铝 AlSi10Mg
2010	发布了可以选择激光功率的金属打印机 EOS M 280
2013	法兰克福的欧洲模具展上发布大尺寸的金属打印机 EOS M 400
2014	推出升级版的 3D 金属打印机 EOS M 290,以取代现有的 EOS M 280,提升了在 3D 打印过程中的监控能力

表 4.5　EOS 的系列产品有关信息

类型	打印机型号	打印机外观图	成品尺寸/mm	材料
SLS 塑料打印	FORMIGA P 110		200×250×330	尼龙、尼龙玻钎、尼龙碳纤维、尼龙铝粉等
	EOS P 396		340×340×600	尼龙、尼龙玻钎、尼龙碳纤维、尼龙铝粉等
	EOSINT P 760		700×380×580	尼龙、尼龙玻钎、尼龙碳纤维、尼龙铝粉等
	EOSINT P 800		730×380×580	工作温度可高达 385℃,PEEK HP3

类型	打印机型号	打印机外观图	成品尺寸/mm	材料
SLM 金属打印	EOSINT M 270		250×250×325	不锈钢材料、钴铬钼合金 MP1、钴铬钼合金、钛合金、铝合金等
	EOSINT M 290		250×250×325	不锈钢材料、钴铬钼合金 MP1、钴铬钼合金、钛合金、铝合金等
	EOS M 400		400×400×400	不锈钢材料、钴铬钼合金 MP1、钴铬钼合金、钛合金、铝合金等
	PRECIOUS M 080		800×950×1850	黄金合金等贵金属
SLS 砂型打印	EOSINT S 750		720×380×380	双激光砂型烧结,砂型铸造制作砂芯和砂模

4.4　国内 3D 打印部分企业

4.4.1　上海联泰

　　上海联泰三维科技有限公司成立于 2000 年,是国内最早从事 3D 打印技术应用的企业之一。联泰三维科技目前拥有国内 SLA 技术最大份额的工业领域客户群,产业规模位居国内同行业前列,在国内 3D 打印技术领域具有广泛的行业影响力和品牌知名度。2014 年 6 月,联泰三维科技荣获"2014 中国 3D 打印机最具发展潜力企业"和"2014 中国 3D 打印服务优秀推荐品牌(工业定制类)"两项殊荣。

公司生产 RS8000、RS6000、RS4500 和 RS3500 系列的 SLA 技术打印装备。

4.4.2　武汉滨湖机电

由华中科技大学 20 世纪 80 年代的老校长黄树槐先生所创办,是国内最早从事 3D 打印研究的企业之一。1996 年,由华中科技大学、武汉市科委和深圳创新投资集团共同组建了武汉滨湖机电技术产业有限公司。产品线包括 LOM、SLS 和 SLM 技术成型系统,设备出口到越南、新加坡、俄罗斯、巴西、英国等欧亚国家。

4.4.3　湖南华曙

创建于 2009 年,公司专业从事 SLS 设备制造、材料研发生产和加工服务。2011 年研制出中国首台高端选择性激光烧结尼龙设备,成为继美国 3D Systems 公司、德国 EOS 公司后世界上第三家 SLS 设备制造商。同时,华曙高科成功研制出选择性激光烧结尼龙材料,成为世界上第二家该类材料制造商。

4.4.4　陕西恒通智能机器有限公司

成立于 1997 年,是以西安交通大学先进制造技术研究所为技术支持,主要研制、生产和销售各种型号的激光快速成型设备。卢秉恒院士担任董事长,1997 年研制出国内第一台光固化打印设备。

4.4.5　北京隆源自动化

成于 1994 年,是国内最早从事 3D 打印设备研发、生产、销售及服务的高新技术企业。公司先后推出了 AFS-360、AFS-500、laserCore5100、laserCore5300、laserCore7000 等型号的 SLS 装备。

4.4.6　北京太尔时代

　　成立于 2003 年，前身是北京殷华激光快速成形与模具技术有限公司。技术是依靠清华大学颜永年教授的科研团队。其桌面级 3D 打印机 UP! 是全球三大品牌之一。

4.4.7　上海富奇凡机电科技有限公司

　　公司的董事长、技术总监是我国最早从事快速成形技术研发之一的华中科技大学王运赣教授。该公司生产了激光切纸式、熔融挤压立式快速成形机与激光烧结式等 9 个型号的快速成形机。

第 5 章　打 印 耗 材

打印材料决定了 3D 打印技术的发展。3D 打印材料是针对 3D 打印技术而研发的,与普通的材料有所区别。目前,3D 打印材料种类有限,主要有工程塑料、光敏树脂、金属材料和陶瓷材料等,除此以外,还有石膏、生物材料等。按材料的物理状态可将 3D 打印耗材分为块体材料、液态材料和粉末材料等;按照化学性能,可分为金属材料(如铝、钛合金)、高分子类材料(如树脂、石蜡等)、无机非金属材料(如石膏、陶瓷等)及其复合材料。表 5.1 是常见的打印工艺以及相应的材料。

表 5.1　打印材料与工艺

材料形状	打印工艺	材料	代表公司
丝状材料	FDM	ABS、PLA、尼龙、食材等	Stratasys(美国) RepRap
	电子束熔丝沉积	钛合金、不锈钢等	中航工业
	挤出成型	生物材料	Envisiontec(德国)
液体材料	SLA	光敏树脂	3D Systems(美国)
	DLP	光敏树脂	Envisiontec(德国)
	3DP	聚合材料、蜡	Stratasys(美国) Solidscape(美国) ExOne(美国) 3D Systems(美国) Voxeljet(德国
块体材料	LOM	纸、金属薄膜、塑料薄膜	Helisys(美国) Fabrisonic(美国) Mcor(爱尔兰)
粉末材料	SLM 直接金属激光烧结	镍基,钴基,铁基合金、金属 合金粉末	EOS(德国) ConceptLasers(德国)
	EBSM	钛合金、不锈钢	Arcam(瑞士)
	LENS	钛合金、不锈钢、复合材料等	Optomec(美国)
	SLS	金属粉末、陶瓷粉末	武汉滨湖

  对 3D 打印产品需求的多样性,带动了打印材料的快速发展。图 5.1 是 2001～2013 年全球打印材料的销售额。2010 年后,每年保持约 20% 的增长速度。2013 年达到 5.288 亿美元,比 2012 年增加了 26.8%。

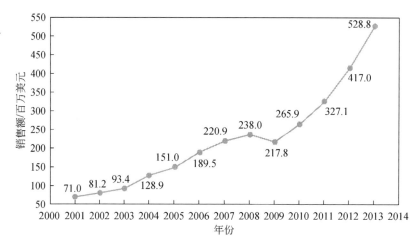

图 5.1 全球 3D 打印材料销售额

  2013 年,光敏树脂耗材销售额为 2.289 亿美元,比 2012 年增加了 21.1%,占整个耗材销售额 43.3%。这些材料基本上是由 3D Systems、Stratasys、DSM Somos、Envisiontec 和 CMET 公司销售的。图 5.2 显示的是近 12 年全球光敏树脂的销售额。

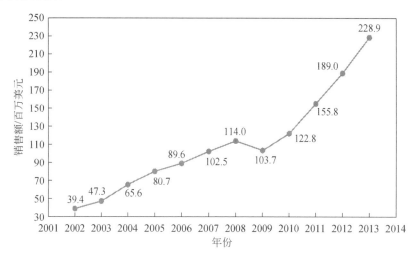

图 5.2 全球 3D 打印光敏材料销售额

金属打印耗材销售额增长过快,在 2013 年达到 0.326 亿美元,比 2012 年增加了 31.0%,图 5.3 是全球金属打印耗材的销售额情况。

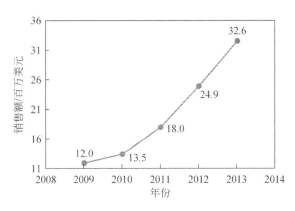

图 5.3　全球 3D 打印金属材料销售额

5.1　金　属　材　料

金属打印制品因可以作为终端产品而受到广泛的重视,已经在航空航天、医学、汽车等高端领域关键零部件上得到应用。目前,用于金属打印的粉末材料种类少、价格高、产业化程度还很低。在金属 3D 打印工艺中,对材料的要求较为严格,用于 3D 金属打印的粉末除了具备良好的可塑性外,还必须满足球形度高、流动性好、粉末粒径细小、粒度分布较窄、氧含量低等要求。传统粉末冶金用的金属材料还不能完全适用于金属 3D 打印工艺要求。当前,已经有几家专用金属打印的金属粉末制造商,如美国的 Sulzer Metco、瑞典的 Sandvik、Hoganas Digital Metal、英国的 LPW、意大利的 Legor Group 等公司提供钴铬合金、不锈钢、钛合金、模具钢、镍合金等金属打印材料。表 5.2 是 3D 打印用金属材料的种类和主要用途。

粉末制备方法按照制备工艺主要可分为机械法和物理化学法两大类。物理化学法包括还原、沉积、电解和电化腐蚀四类;机械法主要有研磨、冷气体粉碎以及气雾化法等,其中气雾化制粉适合 3D 打印用金属粉末的制造。气雾化法技术自 19 世纪末至 20 世纪初经过不断的发展,现已成为生产高性能金属及合金粉末的主要生产方法。表 5.3 是 EOS 公司的金属打印材料与应用场合。

表 5.2　3D 打印用金属材料的种类和主要用途

金属种类	主要合金与编号	主要用途
钢铁材料	不锈钢（304L、316L、630、440C）、麻时效钢（18Ni）、工具钢、模具钢（SKD-11、M2、H13）	医疗器材、精密工具、成型模具、工业零件、文艺制品
镍基合金	超合金（IN625、IN718）	氧涡轮、航太零件、化工零件
钛与钛基合金	钛金属（CPTi）、钛合金（Ti-6Al-4V 合金）、Ti-Al、Ti-Ni 合金	热交换器、医疗植、化工零件、航太零件
钴基合金	F75（Co-Cr，Co-Cr-Mo 合金）、超合金（HS188）	牙冠、骨科植体、航太零件
铝合金	Al-Si-Mg 合金（6061）	自行车、汽车零件
铜合金	青铜（Cu-Sn 合金）、Cu-Mn-Ni 合金	成型模具、船用零件
贵金属	18K 金、14K 金、Au-Ag-Cu 合金	珠宝、文艺制品
其他特殊金属	非品质材料（Ti-Zr-B 合金）、液晶合金（Al-Cu-Fe 合金）、多元高熵合金、生物可分解合金（Mg-Zn-Ca 合金）	仍在研究开发阶段，主要用于工业零件、精密模具、汽车零件、医疗器材等
导电墨水	Ag 等	用于喷墨打印电子器件

表 5.3　EOS 金属打印材料与应用场合

材料名称	特性	典型应用	应用零件图
MaragingSteel MS1	高强度钢，适用于注塑模具、工程零件	注塑模具	
StainlessSteel GP1	具有很好的抗腐蚀及机械性能	中空的手术器械	

续表

材料名称	特性	典型应用	应用零件图
StainlessSteel PH1	高强度和韧性	涡轮发动机燃烧室	
NickelAlloy IN718	耐热性、高抗腐蚀以及抗高温特性	固定环，涡轮发动机零配件	
CobaltChrome MP1	具有优良的机械性能、高抗腐蚀及抗温特性	膝关节植入体	
CobaltChrome SP2	材料成分与 CobaltChrome MP1 基本相同，抗腐蚀性较 MP1 更强	义齿	
Titanium Ti64	材料比重非常小、质轻，而且具有非常好的机械性能及耐腐蚀性	制动器零部件	

续表

材料名称	特性	典型应用	应用零件图
Aluminium AlSi10Mg	良好的浇铸性能,高强度、硬度并且动态特性高	功能性原型件	
DirectMetal 20	良好的机械性能、优秀的细节表现及表面质量、易于打磨、良好的收缩性	叶轮原型件	

5.2　工程塑料

工程塑料是指可作工程零部件和工程材料的塑料。它具有优良的综合性能,刚性大、蠕变小、机械强度高、耐热性好、电绝缘性好,可以在苛刻的化学、物理环境中长期使用。工程塑料是常见的一类 3D 打印耗材,常见的有 ABS、PLA、PC、尼龙类材料(poly amide,PA)和 PEEK 等。

5.2.1　FDM 工艺中的丝材

1. ABS

ABS 是一种用途极广的热塑性工程塑料。全称为是丙烯腈、丁二烯和苯乙烯的三元共聚物,A 代表丙烯腈,B 代表丁二烯,S 代表苯乙烯。ABS 材料具有抗冲击性、耐热性、耐低温性、耐化学药品性及电气性能优良,还具有易加工、制品尺寸稳定、表面光泽性好等特点。一般应用于机械、汽车、电子电器、仪器仪表、纺织和建筑等工业领域。ABS 材料的打印温度为 210~240℃,加热板的温度为 80℃以上,开始软化的温度为 105℃。ABS 材料最大的缺点就是打印时有强烈的气味。

2. PLA

PLA 是一种新型的生物降解材料,使用可再生的植物资源(如玉米)所提取的淀粉原料制成。具有良好的生物可降解性,使用后能被自然界中微生物完全降解,最终生成二氧化碳和水,不污染环境。PLA 在医药领域应用也非常广泛,如用在一次性输液器器械、手术缝合线等。打印 PLA 材料时有棉花糖气味,不像 ABS 那样出现刺鼻的不良气味。PLA 收缩率较低,在打印较大尺寸的模型时表现仍然良好。此外,不像 ABS 没有相变过程,PLA 打印时直接从固体变为液体。由于 PLA 材料的熔点比 ABS 较低,流动较快,相对而言,不易堵喷嘴。

3. PC

PC 全名为聚碳酸酯,聚碳酸酯具有耐热、抗冲击、阻燃,无味无臭对人体无害符合卫生安全等优点,可作为最终零部件使用。PC 材料的强度比 ABS 材料高出约 60%,具备超强的工程材料属性。

4. PPSF/PPSU

PPSF/PPSU 是 FDM 热塑性塑料里面强度最高,耐热性最好,抗腐蚀性最高的材料,能通过 gamma、EtO 以及高温灭菌器进行杀菌。

5. ABS-M30i

ABS-M30i 是一种高强度且无毒的材料,通过生物相容性认证,用于制作医学概念模型、功能性原型、工具及生物相容性的最终零部件。

6. PC-ABS

PC-ABS 是一种应用最广泛的热塑性工程塑料,具备了 ABS 的韧性和 PC 材料的高强度及耐热性。大多应用于汽车、家电及通信行业,主要用于概念模型、功能原型、制造工具及最终零部件等。

7. PC-ISO

PC-ISO 是通过医学认证的热塑性材料,具有很高的强度,可用于手术模拟、牙科等领域。同时也具备 PC 材料的所有性能,打印出来的样件可作为概念模型、功能原型、制造工具及最终零部件使用。

8. ULTEM 1010

ULTEM 1010 是 Stratasys 开发的唯一一种通过 NSF 51 食品接触认证的 FDM 材料,而且还通过了 ISO 10993/美国药典塑料 VI 级生物相容性认证的 FDM 材料。

9. ULTEM 9085

ULTEM 9085 是一种热塑性塑料,可用于飞机内部组件和管道系统的最终用途零件的功能测试、制造加工以及直接数字式制造,拓宽了 3D 打印样件用于耐热以及耐化学性的应用领域。

图 5.4 是桌面型 FDM 打印机常用的丝材。

图 5.4　FDM 打印机的打印耗材

5.2.2 SLS 工艺中的粉末材料

在 3D 打印过程中,粉末具有种类多、易于制造以及材料利用率高等优点。蜡粉、PS、ABS、PC、PA 以及 PEEK 等都可以用于 SLS 打印工艺。此外,还有 SLS 用的复合材料,如黏结剂与金属或陶瓷材料混合材料,典型的有尼龙铝粉材料。

1. PA

聚酰胺也称尼龙,是一大类酰胺型聚合物的统称。最常见的有 PA6、PA66、PA1010。由于 PA 具有韧性好、抗冲击、耐磨、自润滑、阻燃、绝缘等机械性能特点,所以被广泛用于汽车、机械、电子、仪表、化工等多个领域。PA 粉末熔融温度 180℃,烧结后不需要经过处理就具有 49 MPa 的抗拉伸强度。在烧结过程中需要较高的预热温度和保护气氛。现已开发出一系列的 PA 打印耗材,如 EOS 公司开发出尼龙玻钎、尼龙碳纤维以及尼龙铝粉,如表 5.4 所示。

表 5.4 EOS 尼龙系列材料的特性

材料名称	特性	典型应用	应用零件图
ALUMIDE	铝粉和尼龙 12 的混合材料,尺寸精度高,高强度,金属外观,适用于制作展示模型、模具、镶件、夹具和小批量制造模具	橡胶产品注塑模具	
CarbonMide	碳纤维和尼龙 12 的混合材料,重量轻,机械性能强,高电阻,适用于制作全功能部件和用来做风洞试验的表面精致的样件	轴承座	
PA2200/2201	尼龙 12,良好的力学性能,符合 ISO 10993—1 标准的生物相容性,经认证达到食品安全等级,高精细度,性能稳定,能承受高温烤漆和金属喷涂,适用于制作展示模型、功能部件、真空铸造原型、最终产品和零配件	汽车方向盘样件	

续表

材料名称	特性	典型应用	应用零件图
PA2202black	黑色尼龙12,良好的化学特性,性能稳定,优秀的精细度,磨损、划痕和钻孔均不会改变其颜色,适用于制作展示模型、功能性零件和机械零件以及对光学效应和环保有要求的部件	水泵壳	
PA2210FR	阻燃尼龙12,阻燃,无烟无毒,良好的力学性能和高精细度,性能稳定,能承受高温烤漆和金属喷涂,2mm壁厚即达到UL94/V0阻燃级,适用于制作展示模型、功能部件、真空铸造原型、最终产品和零配件以及有防火要求的功能部件	飞机电子系统冷却风管	
PA3200GF	玻璃纤维和尼龙12的混合材料,极好的刚硬度,非常耐磨、耐热,性能稳定,能承受高温烤漆和金属喷涂,适用于制作展示模型、外壳件、高强度机械结构测试和短时间受热使用的零件及耐磨损零件	进气管	
PrimePart DC	尼龙11,抗冲击聚酰胺材料,其断裂伸长率高于其他材料的两倍,拉伸强度大,第一个柔韧型激光烧结材料,良好的力学性能和高精细度,能承受高温烤漆和金属喷涂,符合ISO 10993—1标准的生物相容性,经认证达到食品安全级,适用于制作耐用灵活与承载的功能部件、最终产品和零配件	成功通过柔韧性测试的样件	

2. PS

聚苯乙烯是一种无色透明的热塑性塑料,熔融温度为100℃,受热后可熔

化、黏结,冷却后可以固化成型,而且该材料吸湿率和收缩率较小。拉伸强度
≥15MPa、弯曲强度≥33MPa、冲击强度>3MPa,可作为原型件或功能件使用,
也可用做消失模铸造用母模生产金属铸件,但其缺点是必须采用高温燃烧法
(>300℃)进行脱模处理,就会造成环境污染。

3. PEEK

聚醚醚酮是一种性能比较优异的特种工程塑料。PEEK 具有高强度、耐
热、耐水解、耐化学性能好以及环保无毒等优点。更为特别的是,这种材料可以
通过医学认证,直接用在人工假体、植入体的个性化制造。缺点是成本过高,不
适合大规模应用,而且打印温度过高,需要 340℃。

3D Systems 公司也开发出适合 SLS 工艺的高分子材料,如 DuraForm PA、
DuraForm GF 等型号的材料,如表 5.5 所示。它们的烧结件均不需经过后处
理就可以直接使用,而且具有良好的热耐久性、抗腐蚀性、成型精度好且表面光
滑等优点。

表 5.5　3D Systems 开发的适合 SLS 工艺的高分子材料

材料型号	材料类型	特性
CastForm PS	苯乙烯熔消注模材料	基于苯乙烯的熔消铸模材料,符合大多数标准铸造过程
DuraForm EX Black	黑色抗冲击工程塑料	具有注模成型的聚丙烯(PP)和 ABS 的韧度
DuraForm EX Natural	耐冲击工程塑料	具有注模成型的聚丙烯(PP)和 ABS 的韧度
DuraForm Flex	耐久类橡胶材料	具有良好的撕裂强度和胀破强度
DuraForm FR 100	阻燃工程塑料	卤素和锑自由的阻燃工程塑料,适合航空航天部件快速成型和 UL94 V-0 合规的零部件
DuraForm GF	玻璃填充工程塑料	是玻璃填充工程塑料,具有很好的硬度、耐高温和各向同性
DuraForm HST Composite	纤维增强工程塑料	纤维增强工程塑料,具有优秀的刚度、强度和耐热性
DuraForm PA	稳定性能工程塑料	耐用的工程塑料,具有稳定的机械特性和细微特征表面分辨率
DuraForm ProX™	超强工程塑料	一种超强的制造工程塑料,是生产耐用和机械性能要求高的原型件的最佳材料

5.3　光敏树脂材料

光固化材料俗称光敏树脂，是由光引发剂和树脂（预聚体、稀释剂及少量助剂）两大部分组成。国外的 3D Systems 和 Stratasys（原来以色列的 Objet）公司占据了绝大部分 3D 打印光敏树脂的市场，他们将这种树脂作为核心专利加以保护且与打印机捆绑销售。

5.3.1　3D Systems 的光敏树脂

3D Systems 的 Accura 系列（表 5.6）应用范围较广，几乎所有的 SLA 技术都可使用，另外一款光敏树脂是基于喷射技术的 VisiJet 系列。

表 5.6　3D Systems 的 Accura 系列（部分）

材料型号	材料类型	特性
Accura 25	模制聚丙烯材料	柔软精准、富有美感的模制聚丙烯材料
Accura 48HTR	抗温抗湿塑料	用于需求抗温度和湿度的塑料
Accura 55	制模 ABS 塑料	精细美观，性能优良。Accura 55 材料黏度低，零部件清洁和加工更加便捷。材料成型率高，大大提升零件加工的效率和质量
Accura 60	聚碳酸酯制模塑料	具有聚碳酸酯（PC）制模感官的塑料材料，具有超高的清晰度。制造汽车镜头和其他汽车零部件应用，也适用于 QuickCast™ 熔模铸造
Accura e-Stone	耐久牙科制模材料	制造牙科模型
Accura Sapphire	珠宝设计生产材料	是新型打印材料，用于珠宝设计和大批量生产
Accura Bluestone	工程纳米复合材料	精密稳定的工程纳米复合材料，用于制造高性能零部件
Accura CastPro	熔消模型材料	是精准熔消模型材料，可使用 QuickCast™ 技术定制高质熔模铸件
Accura CeraMAX™ Composite	刚性陶瓷增强复合材料	刚性陶瓷增强复合材料，具有优良的热、水分和耐磨性

5.3.2 Stratasys 的光敏树脂

以色列 Objet 公司的光敏树脂材料有三大类实体材料和一种支撑材料。实体材料有 Vero 系列光敏树脂、FullCure 系列丙烯酸酯基光敏树脂和 Tango 系列类橡胶光敏树脂材料；支撑材料为 FullCure705 水溶性高分子材料。Stratasys 公司推出了基于 PolyJet 技术的"数字材料"。该公司 Connex 系列设备同时喷射多种不同材料而形成"数字材料"，通过调整不同的材料比例使生产出来的零件具有不同的材料特性。

5.3.3 DSM 的光敏树脂

DSM 公司的 SOMOS(帝斯曼速模师)研发出一系列的 SLA 耗材,有耐高温要求的树脂如 Nanotool、ProtoTherm 12120,耐冲击性能优异的材料如 DMX-SL100,有高透明材料 WaterClear Ultra 10122、WaterShed XC 11122,其透光度与亚克力材料类似,还有韧性好的 9120 树脂等。

SOMOS NEXT 材料为白色材质,类 PC 新材料,材料韧性非常好,如电动工具手柄等基本可替代 SLS 制作的尼龙材料。

5.4 陶 瓷 材 料

陶瓷材料是用天然或合成化合物经过成形和高温烧结制成的一类无机非金属材料,具有高熔点、高硬度、高耐磨性以及耐氧化等优点,在航空航天、汽车、电子领域有着广泛的应用。但因其具有硬而脆的特性,加工特别困难。

用于 3D 打印的陶瓷材料是陶瓷粉末与黏结剂的混合物。黏结剂粉末的熔点相对较低,烧结时黏结剂熔化从而使陶瓷粉末黏结在一起。常用的黏结剂有三类:①有机黏结剂,如聚碳酸酯(poly carbonate,PC)、聚甲基丙酸酯等;②金属黏结剂,如 Al 粉;③无机黏结剂,如磷酸二氢铵等。由于打印完毕后还要进行浸渗、高温烧结处理等过程,因此黏结剂与陶瓷粉末的比例会影响零件的性能。目前,陶瓷打印技术还没有成熟,国内外还在研究当中。奥利地 Lithoz 开发出基于光刻的陶瓷制造(lithography-based ceramic manufacturing,LCM)技术,使用光聚合物作为陶瓷颗粒之间的黏合剂,从而能够精确生成密度较高的陶瓷生坯。美国 Hot End Works 公司采用加压喷雾（pressurized spray technology,PSD)技术来打印陶瓷材料,如氧化铝(Al_2O_3)、氧化锆、氮化铝、碳化钨、碳化硅、碳化硼(B_4C)以及各种陶瓷-金属基质等。PSD 技术是通过喷嘴分别喷射出陶瓷材料和黏合剂材料,再通过高温加工工艺去除黏合剂材料。

5.5　其他 3D 打印材料

除了上面介绍的几种常见的打印材料外,还有石膏、建筑材料、铸造砂、石墨烯、智能打印材料等。

5.5.1　生物材料

生物材料是用于人体组织和器官的诊断、修复或增进其功能的一类材料,即用于取代、修复活组织的天然或人造材料。生物材料可以分为金属材料（钛合金等）、无机材料（生物活性陶瓷、羟基磷灰石等）和有机材料三大类。根据材料的用途,这些材料又可以分为生物惰性、生物活性或生物降解（biodegradable)材料。

生物打印有三个层次:①最简单是的假体的制造,细胞三维间接组装制造和细胞三维的直接制造。假体的制造主要用于手术规划,一般的打印材料都可以完成这项任务;②第二个层次是组织工程支架的打印,例如,在骨组织工程中,采用羟基磷灰石（hydroxy apatite, HA)等材料打印成一定形状,再通过其他方式定制成人工骨;③生物打印的最高层次是细胞三维的直接制造,即所谓的细胞打印（cell bioprinting),打印材料是活的细胞,如何保证细胞存活率等是打印过程中需要解决的问题。

5.5.2　石膏材料

3DP 打印是通过喷出液态黏结体将铺有粉末的各层固化,实现成型。石膏的化学本质是硫酸钙,是一种常见的打印材料,常用于打印各种造型。该工艺的特别之处在于黏结体中可添加颜料,从而实现图片全彩打印,特别适合于彩色外观展示、动漫展示和人物造型等场合。图 5.5 是用石膏材料打印出来的彩色小黄人照片。

图 5.5 3DP 制作的小黄人(石膏材料)

5.5.3 建筑材料

相对于其他打印材料来说,3D 打印建筑材料尚处于试验阶段。美国用在打印建筑上的材料有树脂砂浆类、黏土类和混凝土类材料。国内的打印耗材采用的是建筑物废弃材料,将其粉碎磨细,加入水泥、纤维以及有机黏合剂等,制成牙膏状的"油墨"。

在建筑行业中,对 3D 打印材料要求极高,至今还没有对材料的组成、结构、性能、经济性,尤其是耐久性、抗震性能等进行验证。此外,打印的建筑材料与钢筋这两种不同性质的材料结合的系列问题,都是亟需解决的。但是我们相信,随着材料技术的快速发展,3D 打印技术在建筑行业的应用最终将给人类带来福音。

5.5.4 覆膜砂

覆膜砂(coated sand)即在砂粒表面覆盖一层固体树脂的型砂或芯砂。常见的采用热固性树脂如酚醛树脂包覆锆砂(ZrO_2)、石英砂(SiO_2)就能得到覆膜,粒度在 160 目以上。利用 SLS 技术打印出来的原型可以直接当作铸造用砂型(芯)来制造金属铸件。非常适合单件和小批量砂型铸造件的生产,特别是传统制造技术难以实现的金属铸件。相对来说,ZrO_2 具有更好的铸造性能,特别适用于具有复杂形状的有色合金铸件,如铝、镁等合金的铸件生产。图 5.6 是采用武汉滨湖 HRPS-IV 激光烧结设备制作出来的型砂件。

图 5.6　砂型用于铸件生产

5.5.5　石墨烯

石墨烯(graphene)是一种由碳原子以 Sp^2 杂化轨道组成六角型呈蜂巢晶格的平面薄膜,只有一个碳原子厚度的二维材料。2004 年,英国曼彻斯特大学物理学家安德烈·海姆和康斯坦丁·诺沃肖洛夫成功地从石墨中分离出石墨烯,从而获得 2010 年诺贝尔物理学奖。由于石墨烯材料是最薄且最坚硬的纳米材料,具有在电学、光学、化学上的优越性能,它几乎是完全透明的,只吸收 2.3% 的光;导热系数高达 5300W/(m·K),常温下其电子迁移率超过 15000cm²/(V·s),电阻率只约 $10^{-8}\Omega\cdot m$,比铜、银更低,成为世界上电阻率最小的材料。石墨烯因而成为晶体管、高灵敏传感器、触摸屏以及生物医药器材等多种器件的核心材料。图 5.7 是石墨烯材料的结构示意图。

5.5.6　木材

德国设计师 Kai Parthy 制作了一种以木材为基础,与聚合物复合的 3D 打印材料 Laywoo-D3。Laywoo-D3 含有 40% 的回收木材和无害的聚合物,具有 PLA 的耐久性能,可以在 175~250℃进行 3D 打印。图 5.8 是打印用的木材和其打印的样件。

图 5.7 石墨烯材料结构示意图

图 5.8 Laywoo-D3 打印耗材和打印出的样件

5.5.7 智能材料

智能材料(intelligent material)是一种能感知外部刺激,能够判断并适当处理且本身可执行的新型功能材料。一般来说,智能材料具有一定的功能,例如,传感功能、反馈功能、信息识别、积累功能、响应功能、自诊断能力、自修复能力和自适应能力等。

3D 打印制造出来的智能结构,在外界环境激励下(如温度、磁场等)可以随时间产生形状结构的变化,就是所谓的 4D 打印技术。最早公开的 4D 打印技术出现在 2013 年 2 月洛杉矶 TED 年会上,美国麻省理工学院学者 Skylar Tabbis 将一根含有吸水性智能材料的复合材料管放入水中后,这根管子自动扭曲变形,最后显示为一个"MIT"字样的形状。图 5.9 展示的是 4D 打印技术的过程。

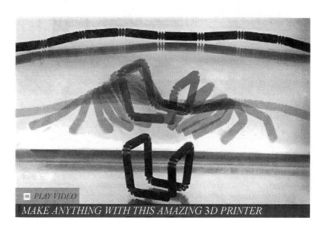

图 5.9　4D 打印技术全过程

第6章 3D打印服务

目前世界上已经有上百家提供3D打印服务的公司,随着3D打印业务量的增长,提供打印服务的公司还在不断扩大。国外著名打印服务公司有Shapeways、Materialise、Sculpteo和Ponoko等。

6.1 Shapeways

Shapeways是荷兰皇家飞利浦电子公司,于2007年创立,4年后公司总部从荷兰搬到纽约。目前是全球领先的3D打印交易平台和在线社区,利用3D打印技术为客户定制他们设计的各种产品,包括艺术品、首饰、小饰品、玩具、杯子,还为客户提供销售其创意产品的网络平台。

Shapeways的成功归功于其商业模式,主要由三块组成:设计师、Shapeways和社区用户。它的运作完全基于互联网技术,流程非常简单:客户上传自己的设计方案,然后根据材料和设计复杂度的不同从Shapeways处获得产品的生产成本价。客户可以选择打印后自己使用或者加价出售。客户从下单到收货大概需要10~15个工作日。客户也可以通过Shapeways把产品卖出,Shapeways除了赚取一定的打印费用,还要收取3.5%的手续费。

自Shapeways成立以来,已经生产了超过100万款3D打印产品,总产量超过60亿件,在线商店的数量多达8000家以上。在平台上注册的设计师有1万多名,每月约有10万件新产品上传,用户达到30多万,图6.1是Shapeways线上平台的图示。

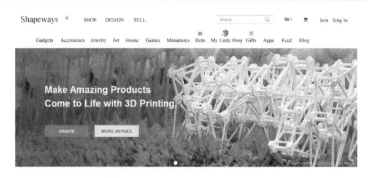

图 6.1　Shapeways 线上平台

6.2　Materialise

比利时 Materialise 是全球领先的 3D 打印技术服务提供商,总部设在比利时鲁汶,由现任 CEO Wilfried Vancraen 于 1990 年创立。目前公司主要为工业客户生产原型和打印最终产品,同时也为专用医疗和工程应用开发软件。公司还推出了全球在线 3D 打印平台 i. materialise,为个人消费者提供在线 3D 打印服务。i. materialise 平台类似于 Shapeways,允许设计者上传他们的 3D 模型,然后将他们打印出来。截至 2013 年年底,Materialise 共计拥有 98 台 3D 打印机和 5 台真空铸造装备,2013 年打印了 39. 4 万个原型件,为汽车、工业产品、艺术设计和航空航天领域的大企业提供了生产件,其中通过 3D 打印技术制造超过了 14. 6 万个医疗器械。图 6.2 为 Materialise 线上平台图示。

图 6.2　Materialise 线上平台

6.3　Sculpteo

Sculpteo 是全球在线 3D 打印服务领域的领先者之一,总部位于法国,成立于 2009 年 6 月。可以上传 3D 模型打印出来的网络服务平台,以"3D 打印云引擎"著称。客户先将自己设计的 3D 模型上传,Sculpteo 打印成实际物品。设计师也可以在网上开网店出售他们的作品。Sculpteo 开发了第一款集设计、购买、打印、寄送 iPhone 外壳等服务于一体的 APP,在 2013 年美国国际消费电子展(CES)荣获最佳创新奖。图 6.3 是 Sculpteo 线上平台图示。

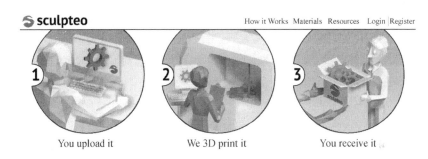

图 6.3　Sculpteo 线上平台

6.4　国内的打印服务网

目前,国内也成立了几个相关的打印服务网,开启国内 3D 打印在线定制序幕。如云创网、叁迪网、意造网、肥猫网、微小网等。表 6.1 为我国主要 3D 打印平台的有关信息。

云创 3D 网(www. yc3d. com)是国内首家 3D 云打印平台,集成了国家级快速制造工程研究中心分布在全国数十个分子中心的近百台各型 3D 打印设备,形成全国数一数二的 3D 打印产能资源,面向全国各型用户提供云端的 3D 打印服务。最大的特点是充分整合分散、利用率不高的打印设备,降低 3D 打印成本。

金运激光下的意造网(www. 3DEazer. com)成立于 2013 年,是国内首家专业 3D 打印云平台。用户可以上传自己的设计,然后通过在线打印定制产品,或者直接购买网上商店的 3D 打印成品；同时用户可以将自己的 3D 打印设计售卖给其他用户。线上平台分为三大模块，即在线商城、在线定制和威客广场。在线商城是平台上展示 3D 打印模型，用户选定物品并支付，然后云平台就会利用 3D 打印机为客户制造出产品，类似于美国的 Shapeways 做法；在线定制是用户可以上传自己的 3D 打印模型，然后平台为客户打印出来；威客广场是用户可以发布任务进行悬赏，进而引起其他用户竞价接单，高质量解决用户需求。

表 6.1　我国主要 3D 打印平台

公司名称	地址	网址	情况
叁迪网	北京	http://www.3drp.cn/	是北京上拓科技有限公司依托首都科技条件平台与北京工业设计促进中心推出的在线 3D 打印电子商务服务平台
意造网	武汉	http://www.3deazer.com/	一站式 3D 打印服务型电子商务网站
3D 记梦馆	武汉	http://www.cn3dsky.com/index.php	3D 打印人像连锁品牌
肥猫网	青岛	http://www.feimao3d.com/	打印平台
微小网	广州	http://www.vx.com/	CAD 设计互动交流平台
云创网	上海	www.yc3d.com	3D 打印云平台
优联三维	上海	http://www.rp-sla.com/	3D 打印服务
品啦造像	上海	http://www.pinla3d.com	面向高阶人士提供高质量 3D 人像打印写真产品及结合贵金属镶嵌工艺的 3D 打印产品
智诚科技	香港	http://www.ict.com.hk/a-bout.aspx	3D 打印培训、打印软件培训
中国 3D 打印应用网	秦皇岛	http://www.keyiheng.com/main.asp	3D 打印平台
南极熊	北京	http://www.nanjixiong.com/	中国成立最早、最大、最有影响力的 3D 打印互动媒体平台和创造性应用平台
三达网	北京	http://www.3dpmall.cn/	以 3D 打印及相关领域产品为中心的大型垂直资讯网站
美意网	北京	http://makeii.com/	分布式创新制造网络
美匠网	北京	http://www.3dcreatia.com/	3D 打印电子商务平台，设计师提供最先进的 3D 打印设计样品

续表

公司名称	地址	网址	情况
魔猴网	北京	http://www.mohou.com/index-0-0-0.html	3D 打印互联网平台,有自主知识产权的 3D 打印生产中心和基于云计算的在线即时报价系统
意诺佳	北京	http://www.innovo3d.com/	提供三维扫描、打印服务等
毛豆科技	北京	http://www.moredo.cc/	全球首家致力于专为 3D 打印机研发应用软件的公司
上海产业技术研究院	上海	http://www.3damall.com/	拥有种类齐全的打印设备,创新打印服务模式和内涵

第 7 章　3D 打印技术在医学与健康服务领域的应用

3D打印技术的飞速发展为生物医学领域提供了难得的发展契机,特别是医学领域的特殊需求对 3D 打印技术更加青睐。数字医学通过数字化技术使传统医学步入数字化时代,3D打印技术的出现为数字医学的发展注入新的活力,引领一场新的医学革命。

3D打印技术在生物医学工程中应用广泛,其应用领域大致包括:体外器官模型、仿生模型制造;手术导板、假肢设计;个性化植入体制造;组织工程支架制造;生物活体器件构建以及器官打印;药物筛选生物模型等。

7.1　医学模型制作

3D打印可打印出器官或组织的 3D 模型,可直接应用于医学教学、临床及科研。利用3D打印技术,可将计算机影像数据信息形成实体结构,影像学数据的 3D 后期处理技术需要依靠高性能工作站和软件,通过分割工具将目标区域分割,由可视化工具进行渲染、投影及多平面改造,被分割出的目标区域经过网格化处理后传输到 3D 打印设备进行打印,3D 打印机可以直接打印出相应的组织器官模型,图 7.1 是 3D 打印动脉瘤模型。与传统影像资料相比,实体疾病模型能更直观、清晰、立体地显示内部结构,解剖信息更加丰富。此外,相比于传统的医学教学模型制作,3D 打印技术的使用可有效减少制作时间,根据需要实现实时制作、个性化制造,并降低搬运损坏的风险。

据报道,儿科医生成功打印制作出人体心脏实物模型,用于复杂手术术前研究,使手术操作人员更好地掌握患者心脏结构,以此减少手术风险。美国某医院在实施头颅分离手术前,先使用 3D 打印机造出了婴儿连体头颅模型,利用该模型对手术方案进行充分的研究分析,与同类型手术相比,时间缩短了50h。利用 3D 打印模型制备大脑肿瘤模型,在手术导航系统辅助下进行术前策划和风险评估,显著提高了神经外科手术成功率。

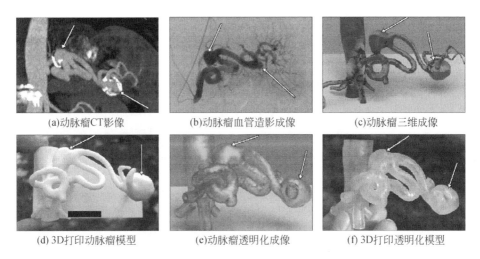

(a)动脉瘤CT影像　　　　(b)动脉瘤血管造影成像　　　　(c)动脉瘤三维成像

(d) 3D打印动脉瘤模型　　　(e)动脉瘤透明化成像　　　(f) 3D打印透明化模型

图 7.1　3D打印动脉瘤模型(箭头位置为动脉瘤)

7.1.1　医学教学的应用

在现代医学的发展中,尸体标本的来源越来越紧缺,严重制约着医学教学与外科训练的开展。数字医学的发展能够建立人体各种组织器官逼真的 3D模型,在这些模型的基础上利用 3D 打印技术打印出来的模型能将器官和组织内部结构的细节逼真地显示出来,使医学知识变得更为直观明了。图 7.2 为3D 打印肝脏模型用于教学。此外,相比于传统的医学教学模型制作,3D 打印技术的使用可有效减少制作时间,根据需要实现实时制作、个性化制造,并降低搬运损坏的风险。

图 7.2　3D 打印肝脏模型用于教学

7.1.2　手术模拟的应用

利用3D打印技术构建三维立体模型,有利于外科医生对一些复杂手术进行模拟,以制定最佳的手术方案,提高手术的成功率。

传统的手术治疗修复是通过线片、影像学检查得到的数据,凭借医生的经验确定手术方案。而通过3D打印技术可以快速获得手术部位的数字化实体模型,供外科医生在术前确定手术方案、模拟手术过程、熟练手术操作、预计手术结果,极大地减少了手术过程中出错的可能性,无疑给患者带来福音。除了进行术前模拟策划,还可以通过3D打印模型向患者及家属详细讲解病变的复杂性及手术操作的危险性,获得患者及家属的理解与配合(图7.3)。

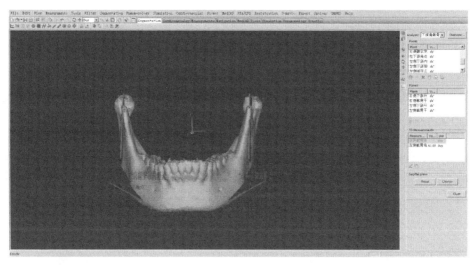

　　(a)虚拟电钻和截骨平面　　　　　　　　　　(b)截骨后的模拟图

图7.3　下颌角截骨术设计方案和下颌角截骨术设计示意图

目前,3D 打印医学模型已广泛应用于临床,打印材料也是多样化的,基本上能满足临床需求。美国 3D Systems 公司研发了一种合成树脂,能在需要强调的区域进行颜色处理,这是目前唯一可以在制造模型时使用光敏染料技术使其颜色化的光固化树脂,拓宽了医学模型的应用范围和使用效果。医学模型的应用具有缩短手术时间和优化手术方案等优点,在未来有着广阔的发展前景。

7.2　个性化医疗器械

医学治疗的个性化是 21 世纪医学发展方向之一。提取患者 CT 或 MRI 等影像数据,利用三维重建、逆向工程、CAD 等技术"量体裁衣、度身定做",并通过 3D 打印技术制作出个性化的手术导板及辅助器械,有效地提高疗效。

目前,在医疗器械领域,主要利用 3D 打印技术制作一些精细零件和植入设备,或者根据个人需求,个性化制作设备等。

7.2.1　手术导板与个性化植入体制造

3D 打印手术导板其实就是一把"立体的尺",手术前需要在病人身上某一特定位置标记,但是人体是有曲线的,3D 打印手术导板能帮助医生更精确地确定手术位置。近年来,基于 3D 打印技术针对患者个性化设计的数字化手术导航模板已经被广泛运用到骨科、整形外科、口腔等手术当中(图 7.4)。

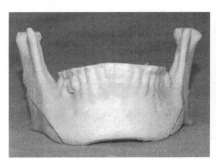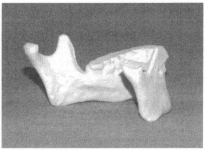

(a)打印模型

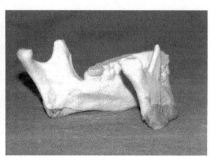

(b) 3D打印手术导板

图 7.4　手术导板照片

　　传统的内固定器械常有配套的通用瞄准器械或模板系统,以辅助内固定物置入,但在术中仍需 X 线影像的确证。计算机辅助导航系统采用红外线或电磁技术,可实现手术中螺钉的准确植入,但设备昂贵、操作繁琐及学习曲线长等不足限制了其在临床的推广应用。而基于 3D 打印技术的个体化内固定模板则能够与特定病例实体骨骼完全匹配,具有安全、准确等优点,并可有效减少术中放射性暴露。

　　人类面部颌骨(包括上下颌骨)形态复杂,极富个性特征,形成了个体间千差万别的面貌特点。人类的头颅骨,需要准确与颅内大脑等软组织精确匹配扣合,人体的下肢骨、脊柱骨等会严重影响患者今后的步态及功能恢复。因此,这类修复体可通过 3D 打印技术实现个性化订制和精确"克隆"受损组织部位和形状。

　　在矫形外科、颌面外科等手术中经常要用到假体与内植物(图 7.5),这些假体或者内植物通常只具有有限的几种规格或者类型,然而每个患者、每一病例都有个体差异,常常导致患者没有合适的假体及内植物,从而影响了术后效果。因此,定制化、个性化的假体与内植物更能符合个性化医疗的要求。

　　目前,3D 打印技术在国内外已被广泛应用于头颅、颌面部、关节等损伤修复的内植物的个性化制作中以及个体化人工关节置换、个体化接骨板、个体化骨盆修复等临床手术中。

　　《新英格兰医学杂志》报道了世界第一例 3D 打印应用于临床的案例。利用 3D 打印机打印了一个气管支架,植入一名气管有先天性缺陷、出生 6 个星期后

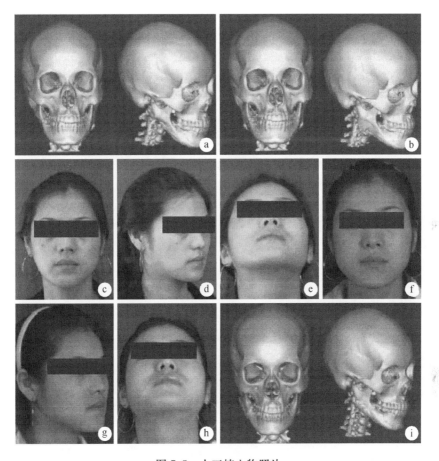

图 7.5　人工植入物照片

a. 术前 CT 三维重建示双侧下颌角形态不对称,右侧缺损;b. 基于镜像原理,根据健侧下颌骨设计对
侧下颌骨缺损骨块;c. 术前正面观;d. 术前侧面;e. 术前仰面观;f. 术后 3 个月正面观;g. 术后 3 个月
侧面观;h. 术后 3 个月仰面观;i. 术后 3 个月 CT 三维重建示双侧下颌骨对称性明显改善

出现呼吸困难的男婴体内,7 天后逐步撤除机械通气机,患者开始正常呼吸。几年之后,这个人造气管会在体内自行降解,而患者自身的支气管可发育到能够维持正常呼吸的水平(图 7.6)。比利时 Hasselt 大学完成了首例人工全下颌置换术,术后患者恢复大部分说话、吞咽功能,该人工下颌是基于 MRI 数据,利用纯钛粉末用高能激光烧结熔化形成,并在表面增加防止免疫排斥的生物陶瓷。

2013 年 3 月,美国的一名患者成功接受一例具有开创性的手术,用 3D 打印头骨替代 75% 的自身头骨。3D 打印头骨的制造者、康涅狄格州牛津性能材料公司的研究人员表示,他们希望利用 3D 打印植入物替换患者其他部位的缺失或者受损骨骼。他们使用的打印材料是聚醚酮,为患者定制的植入物两周内便可制作完成。目前国内 3D 打印骨骼技术也已取得初步成就,在脊柱及关节外科领域研发出几十个 3D 打印脊柱外科植入物,其中,颈椎椎间融合器、颈椎人工椎体及人工髋关节三个产品已经进入临床观察阶段。实验结果非常乐观,骨长入情况非常好,在很短的时间内,就可以看到骨细胞已经长进到打印骨骼的孔隙里面,2013 年被正式批准进入临床观察阶段。

　　随着 3D 打印设备的不断发展,打印材料不断丰富,最终有望实现一台 3D 打印设备由目前使用单一原材料转换到可根据不同应用方向使用相应的材料,从而实现一机多用,这样将会更大限度地发挥其作用。未来的假体与内植物制作中心将根据医生的治疗需求和设计为患者"量体裁衣、度身定做",打印临床需求的植入物,快速应用于临床。

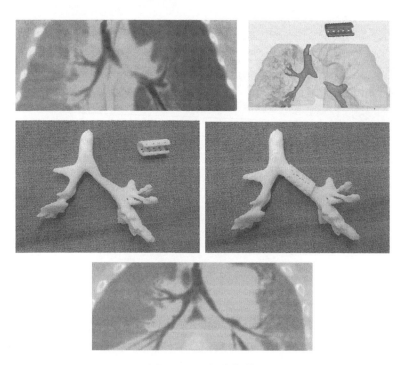

图 7.6　3D 打印气管

7.2.2　医疗辅助器械

在精细零件和植入设备中,主要有心脏、大脑等精细部位的植入设备,如支架和检测设备。3D 打印技术能够根据不同患者需要快速精确制备适合不同患者的个性化生物医用高分子材料,并能对材料的微观结构进行精确控制。另外,一些需要根据个人不同需求个性化制作的设备,如假牙(图 7.7)、唇腭裂矫正器(图 7.8)、假肢(图 7.9)等,由于患者个体差异较大,如果逐一生产每种规格产品,难度较大,使用 3D 打印技术则可以很好地满足每个人的需求,根据扫描的患者数据和信息,进行相应制作。3D 打印技术已广泛应用于颅骨、眼眶、颌骨及牙假体、耳廓假体、人工骨盆等的个性化制作。

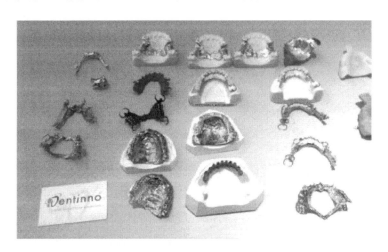

图 7.7　3D 打印各种假牙及支架

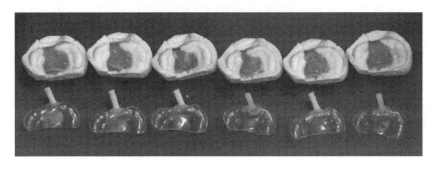

图 7.8　3D 打印唇腭裂修复辅助装置

图 7.9　3D 打印假肢

7.2.3　其他应用

　　当然,3D 打印技术还可以用于涉及动物医学(图 7.10 和图 7.11)和医学装备的其他领域。例如,在灾害等情况发生时,由于现场情况复杂,统一的救治工具无法满足需求时,可以通过 3D 打印设备及时地制作适合环境需求的装备、器械或配件。随着 3D 打印技术的发展,3D 打印医疗装备必然会有更广阔的应用前景。

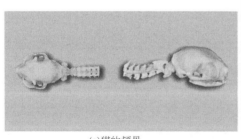
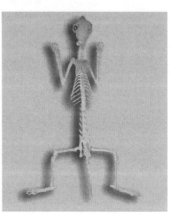

(a)猫的颅骨　　　　　　　　　　　　　　　　(b)猫的全身骨骼

图 7.10　猫骨骼的 3D 打印模型

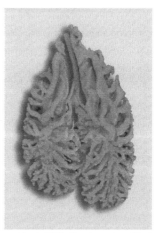

(a)草原巨晰的肺部3D打印模型　　　　(b)尼罗河鳄鱼的肺部3D打印模型

图7.11　其他动物的 3D 打印模式

7.3　生 物 打 印

　　直接打印出"有功能"的人体器官和组织,是人类一直以来的梦想。生物 3D 打印为医学研究和再生治疗打印功能性人体组织和器官提供了一种十分有前途的方法,因而是 3D 打印技术研究中最前沿、最具有价值的研究领域。

　　生物 3D 打印所使用的材料可以是各种活细胞混合液构成的"生物墨水",通过控制实现精确打印速度和墨水流量,实现相关细胞的逐层打印并形成 3D 组织构架。其打印过程实际上就是细胞在生物材料支架上一层层构成 3D 结构的组织。以干细胞作为打印材料,利用 3D 打印技术制作,打印出来的组织形成自给的血管和内部结构。在组织缺损修复中通常需要用到组织工程支架,如人工骨、人工肾脏、肝脏等人体器官移植物的组织工程支架(图 7.12)。这些结构复杂、形状各异的支架通过数字化技术设计,3D 打印成型,辅以微米、纳米技术,可以按需设定特定的孔隙率、交联,显著提高支架的生物学及力学性能,使其有利于细胞黏附、增殖、分化,满足患者个性化的需求。

　　生物打印主要包括以下六个步骤(图 7.13)。

　　(1)用 CT、MRI 等影像学技术采集受损组织器官的解剖形态及周围环境。

（2）用生物拟态、自身装配、迷你组织这三种方法进行组织设计。

（3）选取天然或人工合成多聚体材料用于制造组织器官的"支架"，例如生物可降解水凝胶、多孔组织工程支架等。

（4）选择合适的细胞来源，如多能干细胞、自体已分化细胞等。

（5）利用3D生物喷墨、纤维挤压成型、激光辅助细胞打印等方法将选择好的细胞植入该支架的指定位置。

（6）待组织器官成熟后进行体外功能试验，并应用于临床移植。理想的生物打印材料需要具有黏度及流变学合适的可打印性，不发生排斥反应的生物相容性，降解动力学性质与组织相匹配而降解产物无毒、密度合适的结构和机械动力性。

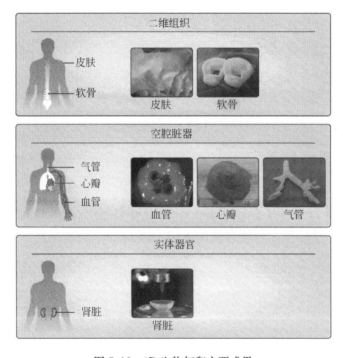

图 7.12　3D 生物打印主要成果

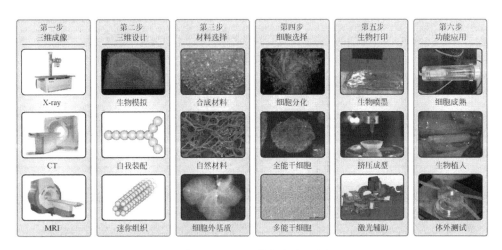

图 7.13　3D 生物打印流程图

7.3.1　细胞及生物支架 3D 打印

生物 3D 打印核心技术是细胞装配技术即细胞 3D 打印技术,它是在组织器官三维模型指导下,由 3D 打印机接受控制指令,定位装配活细胞/材料单元,制造组织或器官前体的新技术。细胞装配有多种方法,根据其技术路线的不同,可将其分为两类:细胞直接装配和细胞间接装配。两条技术路线的主要区别在于,前者通过机械制造手段直接操作细胞,而后者通过所制造的支架的材料和结构,影响细胞长入,间接控制细胞的装配。

通过 3D 打印技术可设计和制备具有与天然骨类似的材料组分和三维贯通微孔结构,使之具有高度仿生天然骨组织结构和形态学特征,赋予组织工程支架优良的生物活性和骨修复能力。科学研究人员利用 3D 打印技术制造出能模仿生物细胞特性的水滴,这些水滴通过 3D 打印组装成凝胶状物质,可像神经细胞束一样传输电信号,又能像肌肉组织那样弯曲,给修复和缓解器官衰竭带来了新的希望。

美国南卡罗来纳州维克佛瑞斯特大学的再生医学研究者与美国军队再生医学研究所合作,使用 3D 皮肤打印机直接在患者伤口上打印细胞,帮助伤口更好更快地愈合(图 7.14 和图 7.15),他们还成功地打印了肾脏细胞。荷兰特温特大学的研究人员也利用纳米 3D 打印技术制造出了最小的用于培养细胞的金字塔。英国学者开发出双喷嘴打印机,两个"墨盒"分别装载人体胚胎干细胞和培养基,通过精准控制墨水流量和打印速度,打印人体胚胎干细胞,且打印过程并不杀死细胞。

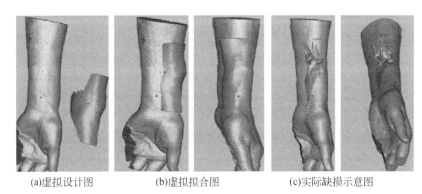

(a)虚拟设计图　　　　　　　(b)虚拟拟合图　　　　　　　(c)实际缺损示意图

图 7.14　3D打印手臂缺损皮肤

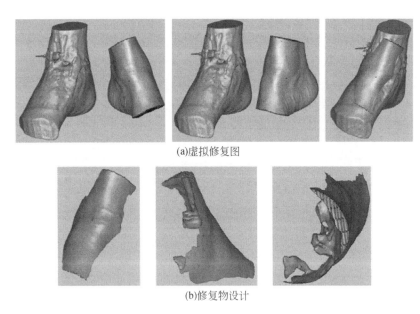

(a)虚拟修复图

(b)修复物设计

图 7.15　3D打印腿部缺损皮肤

美国德雷塞尔大学的生物制造研究实验室最近采用 3D 打印来创建肿瘤组织的模型,这比传统的 2D 组织培养更接近真实的肿瘤。这种研究方式可以帮助人们更好地理解肿瘤如何生长,最重要的是,它们如何死亡,这为癌症的研究提供了新的工具。

人类胚胎干细胞在再生医学领域受到了非常多的关注,这些由早期胚胎发展而来的干细胞拥有着分化成人体各种细胞的能力,如何无损并可控地让胚胎干细胞形成人们所需的三维结构,一直是业界难题。来自苏格兰的研究人员利用一种全新的 3D 打印技术,首次用人类胚胎干细胞进行了 3D 打印,研究的相关论文已发表在《生物制造》(*Biofabrication*)上。该项研究的主要人员、苏格兰赫瑞瓦特大学的 Will Wenmiao Shu 博士说:"就我们所知,这是历史上首次用人类胚胎干细胞进行'打印',由胚胎干细胞制造出的三维结构可以让我们创造出更准确的人体组织模型,这对于试管药物研发和毒性检测都有着重要意义。因为我们制造的大多数药物都是作用于人的,所以用人体组织去进行测试也是理所应当的。"从更长远的角度看,这种新的打印技术可以为人类胚胎干细胞制作人造器官铺平道路。

目前,组织工程面临的挑战之一就是如何将细胞组装成具有血管化的组织或器官,而使用生物 3D 打印技术制造"细胞芯片",使人们看到了解决该难题的可喜前景。2013 年 12 月 19 日,据新加坡《联合早报》报道,英国剑桥大学的研究人员从老鼠视网膜中取出两种细胞,然后让细胞通过打印机喷头,看看打印出的细胞是否还存活。据称,该研究小组使用一种压电喷墨打印头,让成年老鼠的神经胶质细胞(glia cell)和视网膜神经节细胞(retinal ganglion cells)通过一个不到 1mm 的喷嘴"打印"出来。虽然经过高速喷射被弹出,但"打印"出来的细胞都很健康,并能在培养器中生长。这是首次利用 3D 打印技术成功打印出中枢神经系统的成熟细胞,希望未来能打印出视网膜组织,帮助到患有退化性眼疾的病人。

7.3.2　组织 3D 打印

人体就像是一座结构异常精密复杂的建筑,由骨架构成了房子的墙体、支架等基本结构,而附着在上面的肌肉和血管则构成了装修后的各路管道、电线、地板,最后包裹住各种器官就是我们日常使用的各项功能用具,承担主要的运转工作。

所以,在组织、器官层面的打印,除了细胞的逐层堆积,更需要整体的配合和功能的重组,才能达到最终的目的。

　　3D打印技术非常适用于制造人体骨骼。虽然人体骨骼具有任意复杂的三维结构,但3D打印的成型过程不受骨骼结构复杂程度的限制,它可以根据骨骼结构中孔隙率和微孔的大小,改变骨骼切片每层的填充方式,调节三维打印材料的密度,从而改变孔隙率和微孔大小,最终制造出适应细胞生长的活性骨骼。

　　例如,人体某块骨骼缺失或损坏需要置换,首先可扫描对称的骨骼,形成计算机图形并做对称变换,再打印制作出相应骨骼,图7.16为打印的人工骨骼。这项技术也可应用于牙种植、骨骼移植等。国外利用3D打印技术构建人工骨骼的技术已日趋成熟,科学家利用CAD、CAE、CAM技术,构建出一种新型的复合半膝关节,通过快速铸造和粉末烧结技术,制造出钛合金半膝关节和多孔生物陶瓷人工骨,组装后得到复合半膝关节假体。临床应用表明,该复合半膝关节有良好的稳定性和足够的机械强度。

　　比利时和荷兰的科学家在2011年成功为一个83岁的女性植入了3D打印的下颌骨,该人工下颌骨仅比生理下颌骨重30g,手术历时4h,比传统的手术缩短近16h,且患者功能恢复良好。

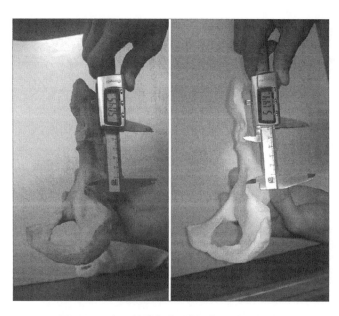

图7.16　人工骨骼打印(游标卡尺误差测量)

7.3.3　器官 3D 打印

在传统的组织工程中,修复受损器官的方法主要包括:首先在体外培养细胞,在其扩增后附着在预先设计好的生物支架材料上,然后植入患者的病损部位。随着细胞的分裂和长入,支架材料被逐渐降解,最后形成具有生理结构和功能的新生组织,从而达到组织器官修复或再生的目的。而利用 3D 打印技术制造生物器官,只要将支架材料、细胞、细胞所需营养、药物等重要的化学成分在合理的位置和时间同时传递,就可形成生物器官。

目前国内很多高校如清华大学、西安交通大学等也在进行生物器官制造的相关研究。清华大学开展了细胞直接三维受控组装技术的研究,成功制造出了具有自然组织特性(细胞微环境、三维组织、细胞间相互作用)生物活性的组织器官。西安交通大学的研究人员利用光固化成型技术,面向天然基质生物材料,研发了可以打印立体肝组织的仿生设计与分层制造系统,成功克服了软质生物材料微结构的三维成型难题。

国外的很多研究团队也进行了相关的实验和研究。Mannoor 等采用生物细胞结构和纳米电子元素,以水凝胶作为基质,根据人耳的解剖形状,利用 3D 打印技术制作出了仿生耳,能实现听觉,甚至能听立体声音乐。为了制造复杂的器官,必须保证器官的正常供血,这就需要一个三维树状的血管网络。

身体软组织器官制作也取得进展。报道显示,美国某大学已利用该技术制作出人造耳,与此同时,微型人体肝脏也被成功制造。德国研究人员利用 3D 打印机等相关技术,制作出柔韧的人造血管,并能使血管与人体融合,同时解决了血管免遭人体排斥的问题。该技术的不断进步和深入应用将有助于解决当前和今后人造器官短缺所面临的困境。

2013 年 4 月 26 日,Organovo 公司利用这一技术打印出深度为 0.5 mm、宽度为 4 mm 的微型肝脏。该微型肝脏具备真实肝脏器官的多项功能。它能够产生蛋白质、胆固醇和解毒酶,并将盐和药物运送至全身各处。Ormiston 等已经将 3D 打印可吸收冠状动脉支架用于人体,Wake Forest 再生医学研究所也打印出具有一定功能的肾脏原型,而国外处于实验性阶段打印的还有膝软骨、心脏瓣膜等。德国研究人员也利用 3D 打印技术制作出柔韧的人造血管,这种血管可与人体组织融合,不但不会发生排异,而且还可以生长出类似肌肉的组织。

　　一直以来,器官来源阻碍着移植医学的发展,目前器官来源主要靠捐赠,但社会上的器官捐赠杯水车薪,而且捐赠的器官还存在着致命的移植排斥反应,常常导致移植失败。在平均每150名等待器官移植的患者,只有1人能等到可供移植的供体。有了3D打印的器官,不但解决了供体不足的问题,而且避免了异体器官的排异问题,未来人们想要更换病变的器官将成为一种常规治疗方法。利用患者自身的干细胞打印出移植所需的器官完全可以避免这些问题。虽然生物打印仍处于研究和测试阶段,但是前景颇为光明,器官的3D打印将终结器官捐赠的历史。图7.17为器官的3D打印构想。

图7.17　器官3D打印构想

7.4　药物测试研发

　　利用生物3D打印药物筛选和控释支架,可为新药研发提供新的工具。药物筛选指的是采用适当的方法,对可能作为药物使用的物质(采样)进行生物活性、药理作用及药用价值的评估过程。筛选时,需要对不同化合物的生理活性做大规模横向比较。因此,有研究人员指出通过 3D 打印技术,精确设计仿生组织药物病理作用模型,可以使人们在短时间内大规模高通量筛选出新型高效药物。

四川大学联合加州大学圣地亚哥分校等科研机构,通过 3D 打印技术设计了一款肝组织仿生结构药物解毒模型,该研究成果发表在最近一期的 *Nature Communications* 上,受到 3D 打印研究领域的广泛关注。

现阶段,大部分的药物测试主要是通过动物实验来完成,其药理作用难以得到准确反馈。利用 3D 技术打印的人体肝脏、肾脏和特定细胞组织用于新药测试后,不仅可以真实模拟人体对药物的反应,得到准确的测试效果,而且还能在很大程度上降低新药的研发成本。2012 年,3D 生物打印公司 Organovo 向一个专家实验室交付了第一个 3D 打印肝组织产品用于药物测试。弗吉尼亚州雷斯顿 Parabon 纳米实验室的研究人员也在使用纳米级 3D 打印技术制造药物,以对抗致命的脑癌胶质母细胞瘤。

可控释放药物是采用生物可降解的聚合物膜或聚合物控制释放骨架将药物密封,或是将药物与聚合物混合在一起,根据具体的治疗需求将体内药物维持在特定的浓度,从而减少了药品的副作用和用量,使治疗过程得到优化,同时提高病人的舒适度。传统的制药方法是将所有原材料混合在一个容器内,然后进行烘干,最后高速挤压成型。这种方法在制造具有复杂内部孔穴和薄壁结构的可控释放药物时存在很大困难。利用 3D 打印技术采用分层制造的思想,便于制造具有复杂型腔的可控释放药物,因而具有良好的应用前景。

7.5　3D 打印技术在医学中的应用前景及展望

3D 打印技术是新型的数字化生产技术,它正在逐步应用到临床医学的各个领域。随着影像学、生物工程、生物材料等学科的发展和交叉学科的兴起,相信在不久的将来,3D 打印技术能做到高效、高精度、低成本,并对特定患者定制个性化植入物甚至组织器官。

3D 打印技术在医学应用方面成效明显,给人们带来了福音。首先,3D 打印技术将有力克服组织损坏与器官衰竭的困难。当 3D 生物打印速度提高到一定水平,所支持的材质更加精细全面,且打出的组织器官免遭人体自身排斥时,每个人专属的组织器官都能随时打出,这就相当于为每个人建立了自己的组织器官储备系统。其次,表皮修复、美容应用水平也将进一步提高。随着打印精准度和材质适应性的提高,身体各部分组织将能更加精细的修整与融合,所制作的材质自然而然成为身体的一部分,有助于打造出更符合审美的人体特征。最后,当 3D 打印设备逐步普及后,在一些紧急情况下,还可利用 3D 打印机制作医疗用品,如导管、手术工具、衣服、手套等,可使用品更加适合个体,同时减少获取环节和时间,临时解决医疗用品不足的问题。随着 3D 打印技术的发展,利用打印模型对腹腔镜、关节镜等微创手术进行指导或术前模拟等应用也将得到推广。今后随着生物材料的发展,逐步将三维细胞打印技术与生物组织培养技术相结合,定会加速生物组织工程的发展,实现复杂组织器官的定制,使基于 3D 打印技术的生物组织、器官再生成为可能。总之,3D 打印是一个新的数字化制造技术,它的发展将给医疗模式带来新的变革,终究造福人类。

第 8 章　3D 打印技术在航空航天领域的应用

航空航天技术是当今世界最具影响力的高新科技之一,而航空航天制造技术是航空航天技术的重要组成部分,其发展水平对于飞机、火箭、导弹和航天器等航空航天产品的可靠性增强与使用寿命延长,综合技术性能的完善,研制和生产成本的降低,甚至总体设计思想能否得到具体实现,均起着决定性作用。同时,航空航天制造技术是集现代科学技术成果之大成的制造技术,集中代表了一个国家的最高制造业水平和技术实力,是衡量一个国家科技发展综合水平的重要标志之一。

8.1　航空航天制造技术特点

航空航天产品普遍存在结构复杂、工作环境恶劣、重量轻以及零件加工精度高、表面粗糙度低和可靠性要求高等特点,需要采用先进的制造技术。此外,航空航天产品的研制准备周期较长、品种多、更新换代快、生产批量小。因此,其制造技术还要适应多品种、小批量生产的特点。

3D 打印技术作为一种新兴技术,凭借其无与伦比的独特优势和特点给工业产品的设计思路和制造方法带来了翻天覆地的变化。尤其是在航空航天领域,航空航天产品对更强、更轻、更可靠和适应更严酷环境的无止境追求,导致航空航天产品的结构通常都较为复杂,对金属材料加工技术的要求也越来越高,这也使得航空航天产品的研发制造周期都比较长。3D 打印技术的出现,为航空航天产品从产品设计、模型和原型制造、零件生产和产品测试都带来了新的研发思路和技术路径。

8.2　3D 打印技术应用于航空航天发展过程

最尖端的航空工业对 3D 打印技术最为关注也最严谨,美国在 20 世纪 90

年代中期就开始试验这类技术,但是他们一直称为近净成型加工技术。在 F-22、F-35 中都有应用,不过因为一些加工工艺等原因,这项技术在美国也没能大规模应用,但美国将这一技术一直作为战略性先进制造技术并由美国国防高级研究计划局(defense advanced research projects agency,DARPA)牵头来组织美国 30 多家企业对这一技术进行长期研究。

航空工业应用的 3D 打印材料主要集中在钛合金、铝锂合金、超高强度钢、高温合金等材料方面,这些材料基本都是强度高、化学性质稳定、不易成型加工以及传统加工工艺成本高昂等特性。

8.2.1　EBM

20 世纪 90 年代,美国麻省理工和普惠联合研发了电子束熔融成型技术(EBM 技术),并利用它加工出大型涡轮盘件。电子束快速数字成型技术的基础是当时电子束焊发展已经成熟,工业级电子束可达几十千瓦,能够熔融焊接厚度超过 40~100mm 的金属板,在惰性气体隔绝保护或真空状态下,电子束可以熔化铝合金、钛合金、镍基高温合金等。电子束熔融技术由于电子束聚焦点直径较大,加工过程中热效应较强,形成的零件精度有限,它能获得比精密铸造更精确的零件胚形,可以减少 70%~80%机械加工的成本。

我国从 20 世纪 90 年代末期获得大功率电子束技术后积极开展了丝束增材成型的研究,在材料类型、快速稳定的熔融凝固、大型结构变形控制等方面取得进展。目前,已经能开始使用该技术生产部分飞机零件,并在一些重点型号的飞机部件研制中得以应用。电子束成型对复杂腔体、扭转体、薄壁腔体等成型效果不佳,其成形点阵精度在毫米级,所以成型以后仍然需要传统的精密机械加工,也需要传统的热处理,甚至锻造等。但电子束快速成型速度快,是目前 3D 金属打印类打印速度最快的,可达 15kg/h。该设备工业化成熟度高,基本可由货架产品组合,生产线构建成本低,具有很强的工业普及基础。同时,电子束快速成型设备还具有一定的焊接能力和金属构件表面修复能力,应用前景广泛。

目前,在发动机领域,美国和中国在电子束控制单晶金属近净形成型技术方面正积极研究,一旦获得突破,传统的单晶涡轮叶片生产困难和生产成本高的问题将获得极大的改善,从而大大提高航空发动机的性能,并对发动机研制改进等提供极大的帮助。

8.2.2　SLM

德国 Fraunhofer 研究所于 1995 年提出 SLM 技术,2002 年该研究所对 SLM 技术取得实质性的突破。国际各大航空航天企业将可制备精密复杂金属构件的 SLM 列为首要发展技术之一。NASA 的"太空发射系统"(SLS)计划中,正在对 SLM 技术生产多种金属零件进行验证,从小卫星到火箭发动机,遍布六大研发中心。J-2X 发动机的排气孔盖和 RS-25 发动机的弹簧 Z 隔板已开始利用 SLM 工艺制造。2012 年,NASA 在亚利桑那州沙漠中测试的火星飞船,甲板上装有 SLM 技术成型的带有曲线和镂空结构的金属零部件。与传统的机加工工艺相比,机械加工量有望减少 90% 以上,研发成本降低近 60%。

波音公司的最新机型飞机波音 787 梦想飞机,至少有 32 种部件已采用 SLM 技术。GE 公司也将增材制造作为其核心技术加以布局,并于 2012 年 11 月收购了两家从事增材制造技术的专业公司,即 Morris Technologies 公司和 RQM 公司。该公司拥有 100 多台 SLM 设备,为 LEAP 发动机的燃烧系统提供组件。GE 公司预期到 2020 年,其发动机生产过程中将有超过 10 万个终端零件采用 SLM 技术生产。图 8.1 是 Morris 采用 SLM 技术为 GE 公司生产的发动机部件。图 8.2 为 GE 公司采用 SLM 技术制造的发动机喷油嘴,该零件只有手掌大小,结构复杂,若采用传统的机械加工工艺将由 20 个零件组装而成。而采用 SLM 技术则可以实现发动机喷油嘴的一次整体成形,寿命延长了 5 倍,燃油效率极大地提高,维护成本也大大降低。

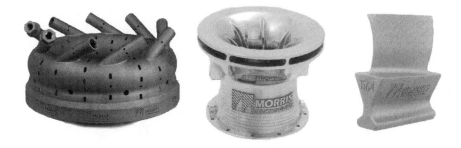

图 8.1　Morris 采用 SLM 技术为 GE 公司生产的发动机部件

图 8.2　采用 SLM 设备制备的发动机喷油嘴

国内华中科技大学在 SLM 技术领域处于国内领先水平,从装备研制、工艺研究和机理研究等方面开展了独具特色的工作,其研究成果在航天、船舶等领域得到了应用,图 8.3 是采用 SLM 技术制备的航空发动机空心叶片。航空发动机空心叶片传统的制造方法是采用精密铸造,从型芯的制备到后期叶片的浇注,整套工艺流程长,而且对型芯的性能要求颇高,采用精密铸造工艺制造的航空发动机空心叶片,其性能和可靠性难以得到保证,而采用 SLM 技术只需准确把握成形过程中的温度场变化规律,便能够制造出组织和性能均满足工程使用要求的零件。

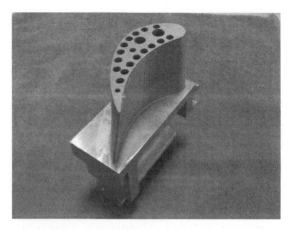

图 8.3　华中科技大学采用 SLM 技术制备的航空发动机空心叶片

8.2.3　LCF

激光熔覆成形(laser cladding forming,LCF)是未来工业应用潜力最大的表面改性技术之一。LCF 技术是利用具有高能密度的激光束使某种特殊性能的材料熔覆在基体材料表面与基材相互熔合,形成与基体成分和性能完全不同的合金熔覆层。其优点是激光熔覆的作用不仅提高材料表面层的性能,而且赋予了材料全新的性能,并降低制造成本和能耗,节约贵重的金属元素。

随着航天航空工业技术水平的不断提高和研制周期的不断缩短,对钛合金、高强钢等关键金属结构件制造技术提出了越来越高的要求:不仅要具有高速度、高性能制造能力,而且要具有大型复杂结构件的直接制造能力和柔性化修复能力。而传统的制造技术往往难以满足上述要求。

采用整体锻造等传统方法制造大型钛合金结构件,工序长、工艺复杂,对制造技术和制造装备的要求高,成形技术难度大,不仅需要万吨级以上的重型液压锻造工业装备、大规格锻坯加工及大型锻造模具制造,而且零件加工去除量大、数控加工时间长、材料利用率低、生产周期长、制造成本高。例如,美国 F-22 飞机中大尺寸 Ti6Al4V 钛合金整体加强框,如图 8.4 所示,零件重量不足 144kg,而其毛坯模锻件重达 2796kg,材料利用率不到 5.1%,数控加工周期长达半年以上。大型整体钛合金关键结构件成形制造技术,被国内外公认为是对先进飞机研制与生产具有重要影响的核心关键技术之一。

图 8.4　F-22 飞机中大尺寸钛合金整体加强框

　　大型复杂金属构件经过较长时间的使用会产生零件表面的磨损、腐蚀、划伤严重等问题,如不进行及时快速修复,将会严重影响设备的正常运行。例如,辊轴是精轧机的关键零部件。轧辊的工作环境十分恶劣,转速高且承受频繁的冲击和巨大的扭矩。由于辊轴的尺寸精度要求高,一根新辊轴在正常使用和维护下一般只能使用 6～8 个月就需更换。然而国内高线轧制速度 95m/s 以上的精轧机大部分是进口设备。进口设备备件订购周期长,费用昂贵。因此,修复磨损的辊轴,提高其使用寿命对于提高生产效率显得尤为重要。

　　传统的轴类零件表面的修复工艺大致分为两类:一类为镀铬、喷涂、电刷镀等;另一类为堆焊。某钢铁生产企业采用这两类传统的修复方法进行修复,通过现场使用,使用寿命只有 2 个月左右,部分修复存在变形,无法正常投入使用,严重制约了生产。大型复杂金属构件的柔性化修复再制造技术目前已成为各国竞相关注的重点领域之一,研制大型复杂金属构件的柔性化修复再制造专用设备可用于包括钢铁、船舶、能源以及矿山等领域的大型复杂金属构件修复再利用,对于解决能源危机和保持社会可持续发展具有重大意义,图 8.5 为大型轴类零件的修复。

图 8.5　大型轴类零件的修复

　　大型复杂金属构件机器人型同轴送粉激光 3D 打印技术不仅能够直接制造大型复杂结构件,而且能够实现大型复杂金属构件的柔性化修复。该技术是以金属粉末为原料,通过激光熔化/快速凝固逐层沉积"生长制造",由零件 CAD 模型一步完成全致密、高性能、大尺寸复杂金属构件的激光成形。该技术是一种"变革性"的数字化、先进"直接制造和柔性化快速修复"技术,为大型复杂金属构件的低成本、短周期、直接制造以及柔性化修复再利用提供了一条新的技术途径。

8.3　3D打印技术在航空航天领域应用典型案例

8.3.1　国内情况典型案例

北京航空航天大学王华明团队是国防科技工业先进制造技术研究应用中心激光增材制造技术依托单位,他们研制出五代激光熔融沉积制造设备,成型能力为 4m×3m×2m,制造出 30 余种钛合金大型整体关键飞机主承力构件。图 8.6 是其制造的钛合金飞机产品,已经在 7 种型号飞机研制和生产中得到工程应用,相关成果获 2012 年国家科技进步一等奖。

(a)钛合金大型整体加强框　　　　　　　(b)飞机钛合金翼身整体根肋

图 8.6　北京航空航天大学采用 LMD 技术制备的飞机机身钛合金产品

西北工业大学黄卫东团队依托国家凝固技术重点实验室,成功研制出系统集成完整、技术指标先进的激光熔融沉积成形装备,为商飞等企业提供了多种大型桁架类钛合金构件,如图 8.7 所示。

图 8.7　西北工业大学研制的设备及制备的飞机机身钛合金产品

　　北京航空制造工程研究所依托国家高能束流加工技术重点实验室在电子束选区熔化和电子束熔丝沉积成形技术研究方向处于国内领先地位,目前该所引进了多款高档进口增材制造装备,进行了激光选区熔化和激光熔融沉积成形方面的研究,研制的多种不锈钢格栅类零件已装机试用,部分格栅类型零件如图 8.8 所示。

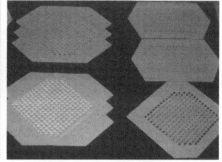

图 8.8　北京航空制造工程研究所采用增材制造技术制备的格栅类零件

　　上海航天设备制造总厂自主研制了国内首台新型多激光金属熔化增材制造设备一台,已成功打印出卫星星载设备的光学镜片支架、核电检测设备的精密复杂零件、飞机研制过程中用到的叶轮(图 8.9)、汽车发动机中的异形齿轮等构件。这些构件有的为网状镂空结构、有的形状极其不规则、有的微小而复杂。

图 8.9　上海航天设备制造总厂采用 SLM 技术成形的飞机叶轮

　　图 8.10 为该厂打印出的某核电检测设备零件,该零件结构微小而复杂,目前采用锻件机加工和焊接拼接方式成形。在当前加工方式下,仅机械加工时间就需 120 多小时,加上装夹、等工时间需要 1 周,且一次合格率为 20%。利用多激光束金属熔化增材制造设备和"双激光、三步扫描"新工艺有效解决这一难题,实现了该复杂零件一体化设计和成形,可在 5h 内完成所有工序,而且每批可同时生产多个零件,使单个零件的加工时间和成本都大大降低,极大的缩短了产品的制造周期。

图 8.10　某核电检测设备零件

　　在中国第 31 次南极科考中,采用 6 架无人机采集了大量空中数据和图片。这 6 架无人机采用 3D 打印技术,历时 15 天制造完成。它的支臂可以折叠,体积为 15cm×15cm×45cm,相当于传统机型的 1/3(图 8.11)。通过在南极的多次试飞,证明了无人机的结构在至 −20℃～−15℃ 的低温条件下,性能合乎要求。一般情况下,无人机在刚性梁折叠后,控制上会出现问题。但是,这架可折叠的螺旋翼无人机,速度达到 30～40km/h,试飞的结果证明结构和强度都不错。传统无人机均采用碳纤维材质,做一套模具既贵又慢,一套碳纤维的模具,做出来需要三个月,成本是 3D 打印的 20 倍左右。

　　中国航天科技集团公司一院下属的一个研发中心利用 3D 打印技术,实现了舱外航天服通风流量分配管路和法兰产品的一体化成形(图 8.12),以提高产品的可靠性,保证航天员舱外活动的安全,并提高航天服的研制进度。

图 8.11　中国的 3D 打印无人机助南极科考飞机图

图 8.12　航天服

8.3.2　国外情况典型案例

美国航空喷气·洛克达因公司与 NASA 格伦研究中心及马歇尔航天飞行中心,近两年已针对增材制造的火箭发动机喷嘴在 3316℃高温下进行了一系列点火试验。在此基础上,航空喷气·洛克达因公司已分别于 2014 年 6 月及 12 月对采用增材制造技术打印的 Baby Bantam 火箭发动机和 MPS-120 立方星高比冲自适应模块化推进系统进行了点火试验。较精密的发动机喷嘴点火试验的成功标志着增材制造在航天领域的应用由研发阶段向工程化应用迈进了一步。图 8.13 是 NASA 测试 3D 打印火箭零部件。

图 8.13　NASA 测试 3D 打印火箭零部件

2014 年年底,SpaceX 公司的"龙"飞船将首台打印机运送到国际空间站,成功打印出印有"太空制造/NASA"字样的非金属铭牌(图 8.14),这标志着太空制造业的新时代已经到来。

图 8.14　NASA 在国际空间站成功打印"太空制造/NASA"铭牌

美国普惠·洛克达因公司利用先进的 SLM 3D 打印工艺,制造用于 J-2X 火箭发动机涡轮泵的排气孔盖(exhaustport cover)(图 8.15)。J-2X 发动机为 NASA"太空发射系统"计划提供重要支撑。2017 年,NASA"太空发射系统"项目将首次从 NASA 肯尼迪航天中心试射,向月球轨道发射一个"猎户座"无人航天器。

图 8.15　SLM 技术打印的 J-2X 发动机排气孔盖

　　日前,美国空客公司表示将利用 3D 打印技术来打造概念飞机(图 8.16)。据悉,要想利用 3D 打印飞机,需要一台大小如同飞机库房一样的 3D 打印机方可完成,至少这台 3D 打印机约为 80m×80m 的规格才可以实现打印要求。这款 3D 打印技术打造的概念飞机,将会采用多项创新设计理念来完成,并且全面满足绿色环保的要求。因为它完全是利用可回收的飞机舱和可加热飞机座位,同时透明墙体可为乘客带来全新的视觉感受。

图 8.16　3D 打印概念飞机

　　全球最大导弹生产商雷神公司使用 3D 打印技术制作了制导武器几乎所有的组成部分,这包括 3D 打印的火箭发动机、用于引导和控制系统的部件、导弹本身和导弹翅片。随着 3D 打印技术的迅猛发展,拥有百年老字号的雷神公司将 3D 打印技术运用到导弹制造,并试验该技术多年。3D 打印导弹可以使其供应链相对变得更简单,开发周期变得更短,且可以测试更多、更复杂的设计,图 8.17 是 3D 打印的导弹模型。

图 8.17　3D 打印的导弹模型

美国海军在 Essex 航空母舰上安装了一台 3D 打印机,让水手在海上执行任务的时候可以 3D 打印需要更换的零部件。据了解,美国海军正在尝试在他们的军舰上,用舰载的 3D 打印机打印出定制的无人机。目前研究人员的基本想法是,船舶只需带着少量无人机上通用的电子元器件离开港口。无人机的主体完全是定制的,由陆地上的研究机构负责设计,迅速传送到这些舰艇的 3D 打印机上进行快速制造。

8.4　3D 打印技术应用的优势与潜在价值

8.4.1　3D 打印技术的优势

1. 降低成本,缩短周期

金属 3D 打印技术使高性能金属零部件,尤其是高性能大结构件的制造流程大为缩短。无需像传统制造技术一样研发零件制造过程中使用的模具,这将极大的缩短产品研发和制造周期。美国采用 3D 打印技术打印了多个"航天发射系统"重型火箭发动机的零部件：制造 RS-25 发动机的弹簧 Z 隔板仅需 9 天；制造排气孔盖的成本比传统方法降低 65%；制造喷嘴用时不到 4 个月，成本可降低 70%，而传统工艺制造喷嘴需要一年多。

国防大学军事后勤与军事科技装备教研部李大光教授指出，20 世纪八九十年代，要研发新一代战斗机至少要花 10～20 年的时间，由于 3D 打印技术最突出的优点是无需机械加工或任何模具，就能直接从计算机图形数据中生成任何形状的零件，所以如果借助 3D 打印技术及其他信息技术，最少只需 3 年时间就能研制出一款新战斗机。3D 打印技术具有高柔性、高性能、灵活制造特点，以及对复杂零件的自由快速成型，金属 3D 打印将在航空航天领域大放异彩，为国防装备的制造提供强有力的技术支撑。

例如，西安铂力特激光成形技术有限公司与中国商飞合作研发制造出的国产大飞机 C919 上的中央翼缘条零件，是金属 3D 打印技术的在航空领域的应用典型。此结构件长约 3m，是国际上金属 3D 打印出最长的航空结构件。如果采用传统制造方法，此零件需要超大吨位的压力机锻造而成，不但费时费力，而且浪费大量原材料，更何况目前国内还没有能够生产这种大型结构件的设备。所以必须要向国外订购此零件，但是从订货到装机使用周期长达 2 年多，这严重阻碍了飞机的研发进度。采用金属 3D 打印技术打印出的中央翼缘条，其研制时间仅一个月左右，其结构强度达到甚至优于锻件使用标准，完全符合航空使用标准。金属 3D 打印技术的使用在很大程度上缩短了我国大飞机的研制周期，让研制工作得以更加顺利地进行。

2. 提高材料利用率，降低制造成本

航空航天制造领域大多都是在使用价格昂贵的战略材料，如钛合金、镍基高温合金等难加工的金属材料。传统制造方法对材料的使用率很低，一般不会大于 10%，甚至仅为 2%～5%。材料的极大浪费也就意味着机械加工的程序复杂，生产时间周期长。如果是那些难加工的技术零件，加工周期会大幅增加，制造周期明显延长，从而造成制造成本的增加。

金属 3D 打印技术作为一种近净成型技术，只需进行少量的后续处理即可投入使用，材料的使用率达到了 60%，有时甚至达到 90% 以上。这不仅降低了制造成本,节约了原材料,而且更符合国家提出的可持续发展战略。

3. 优化零件结构,减轻重量,减少应力集中,增加使用寿命

对于航空航天武器装备而言,减重是其永恒不变的主题。不仅可以减少载重量、节省燃油、降低飞行成本,而且可以增加飞行装备在飞行过程中的灵活度。但是在传统的制造方法中零件减重几乎已发挥到了极致,想再进一步发挥余力,已经不太现实。

但是 3D 技术的应用可以优化复杂零部件的结构,实现零部件的整体制造,无需焊接、铆接等组装工艺,减少零部件数量,在保证性能的前提下,将复杂结构经变换重新设计成简单结构,从而起到减轻重量的效果。而且通过优化零件结构,能使零件的应力呈现出最合理化的分布,减少疲劳裂纹产生的危险,从而提高零部件的结构强度、完整性和可靠性等性能,增加使用寿命。通过合理复杂的内流道结构实现温度的控制,使设计与材料的使用达到最优化,或者通过材料的复合实现零件不同部位的任意自由成型,以满足使用标准。

例如,战机的起落架是承受高载荷、高冲击的关键部位,这就需要零件具有高强度和高的抗冲击能力。美国 F16 战机上使用 3D 技术制造的起落架,不仅满足使用标准,而且平均寿命是原来的 2.5 倍。

4. 易用于零件的修复成形

金属 3D 打印技术除用于生产制造之外,其在金属高性能零件修复方面的应用价值绝不低于其制造本身。就目前情况而言,金属 3D 打印技术在修复成形方面所表现出的潜力甚至高于其制造本身。

以高性能整体涡轮叶盘零件为例,当盘上的某一叶片受损,则整个涡轮叶盘将报废,直接经济损失价值在百万之上。较之前,这种损失可能不可挽回,但是基于 3D 打印逐层制造的特点,只需将受损的叶片看作是一种特殊的基材,在受损部位进行激光立体成形,就可以回复零件形状,且性能满足使用要求,甚至是高于基材的使用性能。由于 3D 打印过程中的可控性,其修复带来的负面影响很有限。

事实上,3D 打印制造的零部件更容易得到修复,匹配性更佳。相较于其他制造技术,在 3D 修复过程中,由于制造工艺和修复参数的差距,很难使修复区

和基材在组织、成分以及性能上保持一致性。但是在修复 3D 成形的零件时就不会存在这种问题了。修复过程可以看作是增材制造过程的延续,修复区与基材可以达到最优的匹配。这就实现了零件制造过程的良性循环,低成本制造加上低成本修复以实现最大经济效益。

8.4.2　3D 打印在太空中应用的潜在价值

2014 年 11 月,Made In Space 公司创造了历史,在国际空间站零环境下打印出一个扣环,随后又打印了 23 件不同的物体,这为将来能够在空间站上直接制造出工具和替换已经断裂或损坏的零部件奠定基础,省去货运飞船从地球上运送零部件和工具。

由于 3D 打印技术在太空中的巨大效益,美国航空航天局(National Aeronautics and Space Adminstration,NASA)提出的太空 3D 打印路线图,勾画出 NASA 在 3D 打印短期、中期和长期技术发展战略概况(图 8.18),希望在未来的太空中真正发挥 3D 打印技术的优势。

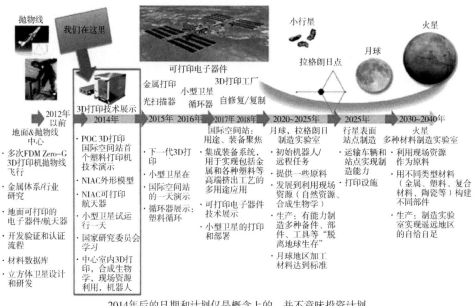

图 8.18　NASA 太空 3D 打印技术路线图

1. 在轨航天器的维修和零部件替换及实现航天器自我复制

通过国际空间站等太空平台进行增材制造,将其与 NASA 的"凤凰计划"结合,可根据需要直接在太空中制造出需要替换的老化和损坏的航天器零部件,无需再通过火箭发射到太空;采用增材制造辅助"蜘蛛制造"(SpiderFab),有助于实现航天器的自我复制(图 8.19)。

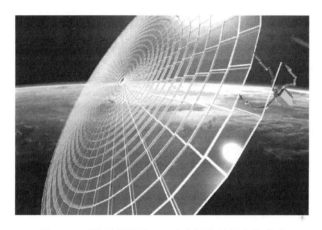

图 8.19　"蜘蛛制造"——千米级孔径的在轨建造

2. 在太空中循环再利用打印材料

将太空中的材料回收利用打印,减少太空垃圾。

3. 在地外星体表面建造基地和设备

如果能用地外星体上的材料建造增材制造基地和所需设备,实现增材制造设备在外太空的自我复制(图 8.20),将可为月球基地或其他星球基地的建设提供帮助。

4. 建造难以在地球上制造或从地球上运输的结构

通过在轨建造不便在地球制造或运输的大型结构系统,可以降低结构对拉伸强度的要求,不需考虑火箭发射振动和加速度对结构的影响。还可以避免卫星重量超出标准,解决火箭整流罩容积对有效载荷的限制问题。

图 8.20　可自我复制的月球工厂概念图

5. 制造无人飞行器,助力未知星球的探索研究

为了探索其他行星,肯尼迪航天中心正在计划将机器人(一种类似于无人机的飞行器)送到探测车无法到达的地方。据了解,NASA 目前正在使用 3D 打印快速设计这些无人机的样机,同时也在测试它们是否能够自主飞行或者需要人类从多远距离控制它们飞行。图 8.21 是打印出来的无人飞行器样机,由几个 3D 打印的部件以及大部分现成的部件组成,大约有 5ft① 宽。

图 8.21　无人飞行器样机

————————————
① 　1ft=0.3048m。

第9章 3D打印技术在汽车家电领域的应用

9.1 3D打印技术在汽车领域的应用

据市场研究机构 Smar Tech Research 的调查数据预计,3D打印技术在汽车行业 2014 年的总市场金额为 3.7 亿美金,预计到 2019 年 3D打印技术在汽车行业的收入将达到 11 亿美元,2023 年有望达到 22.7 亿美金。3D打印领域的应用从简单的概念模型到功能原型都朝着更多的功能部件方向发展,并渗透到发动机等核心零部件设计领域。3D打印技术应用到汽车行业大致需要经过4 个阶段,如图 9.1 所示。

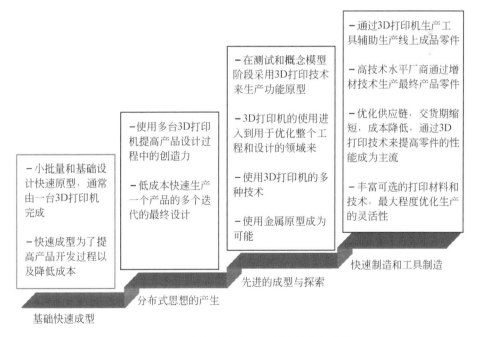

图 9.1 3D打印在汽车工业领域的应用发展

　　汽车行业的设计主要包括汽车设计前的调研、概念形成、方案讨论、数字建模、实体模型、结构调整、样车试制、修改验证及后期的批量化生产过程。目前，3D 打印技术在汽车行业的应用主要集中在概念模型开发、功能验证原型制造、工具制造及小批量定制型成品的生产四个阶段。

　　3D 打印技术在汽车制造业效益较为显著，汽车仪表盘、动力保护罩、装饰件、水箱、车灯配件、油管、进气管路以及进气歧管等零件的试制中均有所应用。世界上几乎有所的著名汽车厂商如奥迪、宝马、奔驰、美洲豹、通用、大众、丰田、保时捷等汽车都较早地应用了这项技术，并取得了显著的经济和时间效益。图 9.2 是 3D 打印技术在整车上的应用示意图。

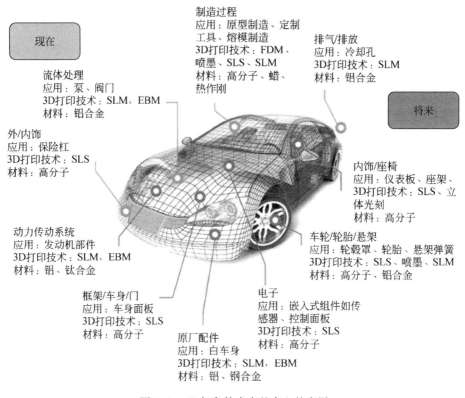

图 9.2　3D 打印技术在整车上的应用

9.1.1　汽车零部件的造型评审

　　在汽车零部件制造、整车开发过程中需要对汽车外形、内外饰件造型进行设计、评审和确定,这是整车开发过程中产品设计可靠性的验证环节。3D打印技术可以在设计前期制作样件验证,降低设计风险,减少研发成本和研发周期。

在新车开发过程中,通过制作小比例油泥模型,用以模拟汽车造型的实际效果,供设计人员和决策者审定。通常模型比例为1∶4或1∶5,经审定后再制作1∶1的大模型,继而进行风洞等试验测试。在1∶1油泥模型的基础上,可以用3D打印技术制作安装车灯、座椅、方向盘和轮胎等零部件。

2015年3月5~15日的日内瓦车展上,宾利汽车(BentleyMotors)展示了用3D打印制造的概念车EXP10Speed6(图9.3),这辆概念车的各种功能部件都是用金属3D打印技术制造完成的,包括其标志性的进气格栅、排气管、门把手和侧通风口。

图9.3　概念车 EXP10Speed6

由设计公司 KOR Ecologic、直接数字制造商 RedEye 及3D打印制造商 Stratasys 三家公司联合设计的第二代3D打印汽车 Urbee 2,是世界上完全使用3D打印技术制造的汽车,整车包含了超过50个3D打印组件(图9.4)。该车配备三个车轮,动力为7马力(5kW),燃油效率很高,行驶4500km,油耗只有38L。

亚利桑那州的 Local Motors 汽车公司已经建立了3D打印系统,打印出来的 Strati 汽车由49个零部件构成,其中座椅、车身、底盘、仪表板、中控台以及

图 9.4　3D 打印汽车 Urbee 2 外观图

引擎盖都是由 3D 打印系统完成的(图 9.5)。最高速度为 40mi/h①,采用电池和电动机进行驱动,而非传统的发动机,并可以搭乘两名乘客。

图 9.5　Strati 汽车

————————
① 1mi/h＝1609.344m/h。

9.1.2　汽车模具的复杂型腔制造

通常,模具生产成本高、时间周期长。将 3D 打印技术与传统的模具制造技术相结合,可以缩短模具制造的开发周期,提高生产效率。目前存在两种制造方法,一种是采用 3D 打印技术直接制造出模具(直接制模);另一种则是先制造出快速成型零件,再由零件复制得到所需要的模具(间接制模)。汽车开发过程中,各种模具的应用较为广泛,值得特别一提的是,通过 3D 打印技术制造复杂的冷却流道的模具,发挥了 3D 打印的独特优势。捷克共和国的 Innomia 采用 EOS M270 打印出随形冷却模具,用于汽车扶手的注塑成型(图 9.6)。此模具可以快速且均匀散热,不会导致注塑成型的零件变形。采用随形冷却通道,一个生产周期所需时间比以往缩短 17%,提高了生产效率,极大地节约了成本。

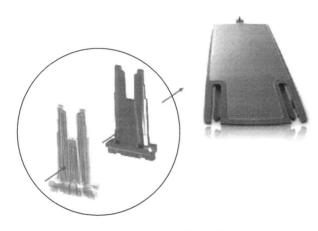

图 9.6　注塑模具部件

福特和通用都是较早应用 3D 打印技术。福特通过 3D 打印技术将新款发动机的部件打印出来,省去了过去铸造技术需要制造模具的时间,将一个实验型号的生产时间从过去的半年缩短至 3 个月,大幅度提升了新品上市的速度。通用通过 3D 打印技术,在奥迪 A4 车轴开发过程中,采用 EOSINTP700 打印出聚苯乙烯树脂,用铝进行石膏熔模精密铸造,制造全功能车轴,用于功能与装配试验。通过 3D 打印技术,缩短了制造周期,节约 70% 的时间和 30% 的价格成本。

据前瞻网报道,以制作一件 28cm×15cm×7cm 的复杂零件为例,传统制模需要花费 30d 和 1 万元的成本,使用 FDM 快速成型仅需要 40h 和 3000 元成本。图 9.7 为近年来 3D 打印技术汽车厂商车身模具的平均研发时间图。

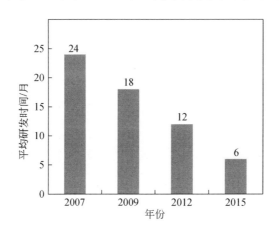

图 9.7　3D 打印技术用于汽车厂商车身模具的平均研发时间

9.1.3　汽车零部件的轻量化制造

实现汽车的轻量化已成为世界汽车发展的趋势,主要是为了环保和节能的需要,轻量化具体的措施主要在于采用轻量化材料和简化零部件结构。目前,德国宝马、奥迪以及美国通用等汽车制造商都已推出使用碳纤维部件的新车型。

德国独立汽车设计公司 EDAG 推出了一款具有革命性的 3D 打印概念车"起源"。汽车内部用碳纤维打印出来,用以提高强度,如图 9.8 所示。

如图 9.9 所示是 F1 赛车进气歧管,其材料为镍合金,通过 EOSINTM270 设备打印完成,该零件壁厚最薄处仅为 2mm,这样的结构只有采用 3D 打印技术才能完成。

众所周知,ChampionMotorsport 是一家全球领先的专门为豪华车如保时捷、兰博基尼、玛莎拉蒂、法拉利等提供零部件升级改装的公司。Champion 使用碳纤维制作改装的保时捷 997 跑车的进气管道过程中,若用传统的加工方法是无法获得内表面和外部表面都完全光滑的管道,而采用 3D 打印技术使之成为现实。首先利用 3D 打印技术制作出"可溶性模具",将此模具表面用碳纤维

图 9.8　由碳纤维材料组成的"起源"概念车

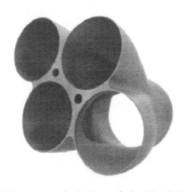

图 9.9　3D 打印的 F1 赛车进气歧管

包裹,然后用溶液把模具去掉,剩下的就是一根完全光滑的碳纤维管子(图 9.10)。

9.1.4　汽车创意产品的定制

　　随着互联网和大数据等技术的发展,个性化的产品越来越多,日益满足大众的需求。年轻人对个性化的车身外覆盖件,汽车内饰(保险杠、扰流板、座椅、仪表板等)零件尤为热衷,这就为 3D 打印技术在个性化的定制上提供了巨大的市场。

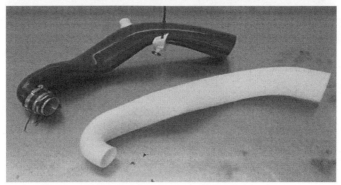

图 9.10　保时捷 997 跑车的进气管

9.2　3D 打印技术在自行车应用案例

　　福特公司采用 SLS 和 FDM3D 打印技术开发了两款 MoDe：Me 和 MoDe：Pro 智能自行车，在 2015 年的世界移动通信大会（Mobile World Congress，WMC）上正式亮相。这两款自行车具有多项智能系统：向车手警报超车车辆的传感器、提醒需要拐弯的地方的触觉反馈、根据车手的心率提供助推的踏板辅助系统以及基于传感器的智能骑乘功能等。自行车还配了一个 9A/h 的电池和一个 200W 的马达，骑速最高可达 25km/h。图 9.11 是福特公司打印的智能自行车。

　　捷安特采用 SLS 和 SLA 技术快速创建车座原型进行测试，并把它投入生产，如图 9.12 所示。

图 9.11　福特公司打印的智能自行车

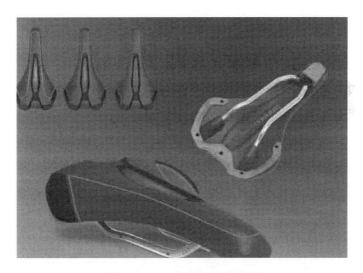

图 9.12　3D 打印自行车坐垫

　　3D 打印公司 Industry 和著名自行车厂商 Ti Cycles 合作利用 3D 打印技术制造出全球首辆完整钛金属自行车 Solid,如图 9.13 所示。钛金属作为自行车车架以及组件的原材料,具有重量轻、性能强以及持久耐用等特点,且非常符合人体工程学设计的特点。Solid 内置 GPS 模块,用于导航并记录用户的行车距离等数据。

图 9.13　首辆 3D 打印的钛金属自行车

　　丹麦 CeramicSpeed 公司是世界领先的陶瓷轴承供应商,为专业比赛用的自行车和其余高品质自行车提供 NASA 轴承技术。该公司整整花了 4 年时间完成设计和验证并推出了一款 3D 打印钛变速器滑轮(图 9.14),其售价达到1000 美元/对。这款滑轮具备非常轻的空心结构(传统手工无法实现这点),且使用寿命比其他部件延长三倍。

图 9.14　3D 打印自行车变速器滑轮

9.3　3D 打印技术在家电领域应用

家电是生活的必需品,常见的如空调、电视、冰箱、洗衣机以及各种小家电等。3D 打印技术在提升企业核心竞争力、实现产品个性化定制方面日益发挥着巨大的推动作用。

3D 打印技术在家电应用领域主要在于三个方面:①快速原型制作;②设计验证和功能验证;③终端制造。前两个应用经过了 20 多年的发展,其技术和应用都比较成熟。

据报道,松下公司计划采用 3D 打印技术来生产插座和抽风机风扇等产品的模具,制作时间比传统制作缩短一半,生产成本也减少 1/3。海尔公司在 2015 年 3 月 11 日上海家博会开幕当天发布一款 3D 打印制冷制暖、功能齐全的 100% 成品空调(图 9.15)。3 维立体海浪形,轮廓呈流线弧度的外观是通过 3D 打印技术实现。这样的空调可以根据用户的喜好,自由选择空调的颜色、款式、性能、结构等,定制满足个性化需求。格力空调也在用 3D 打印机开发新产品,大大缩短研发周期,提高设计保密性,同时减少空调外壳及内部精密结构模型的制作时间与成本。

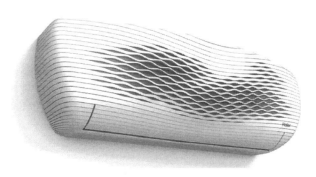

图 9.15　3D 打印空调

更令人惊喜的是,3D 打印技术在可穿戴产品上发挥着重要的作用。美国普渡大学的科研人员在柔性基底上打印出柔性电子器件(图 9.16),这将引发可穿戴技术的革命,未来还可以在衣服上直接打印所需的电子器件。

哈佛大学和伊利诺伊大学的一个联合研究小组成功地使用 3D 打印技术

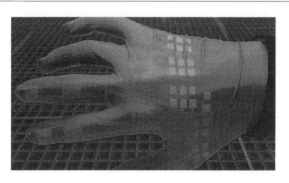

图 9.16　3D 打印柔性电子器件

制造了一粒沙子大小的微型锂电池（图 9.17）。这种微型电池可以用于微小设备的电力需求，如微小机器人、医用植入物等。

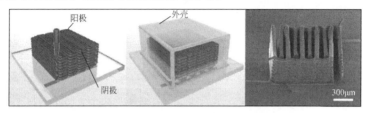

图 9.17　3D 打印技术制造的微型锂电池

微电池由的阳极、阴极、外壳以及将其包电解质溶液组成（左图是示意图），
通过 3D 打印层层交错堆积形成的为电池的阳极和阴极（右图）

　　图 9.18 是 Rohinni 公司 3D 打印出来的发光二极管灯（light emitting diode, LED），其关键技术是采用打印技术在导电层打印出 LED 灯具中发光的"墨水"层。

图 9.18　3D 打印 LED 灯

第 10 章　3D 打印技术在文化创意设计领域的应用

文化创意产业是指以创作、创造、创新为根本手段,以文化内容和创意成果为核心价值,以知识产权实现或消费为交易特征,为社会公众提供文化体验的具有内在联系的行业集群。主要包括广播影视、动漫、音像、传媒、视觉艺术、表演艺术、工艺与设计、雕塑、环境艺术、服装设计、软件和计算机服务等多方面的创意群体。

10.1　饰品和服饰

现代饰品丰富多彩,琳琅满目。饰品分类的标准很多,但最主要的不外乎按材料、工艺手段、用途、装饰部位等来划分。按材料可分为金属和非金属类,按用途可分为流行饰品和艺术饰品类等。

3D 打印技术的不断发展使其在饰品类的应用也越来越广泛,尤其是在珠宝首饰设计领域。这种不同于以往纯手工艺制作的生产模式,给传统手工艺创作注入了新鲜血液,焕发出新的活力。

那么是怎样通过 3D 打印实现首饰创意开发的呢?

(1)设计师根据自己的创意灵感绘制设计作品效果图,主要以手绘图以及电脑绘图为主,根据宝石的大小,材质的颜色,部件的连接等具体绘制,尺寸比例尽可能 1∶1 绘制,有些特征细节、微小部分结构以及特别连接方式需附加一些结构放大图或者匹配相应的文字对其进一步说明(图 10.1)。

(2)根据设计师的具体图稿,专业首饰制作师会在电脑上建造立体模型,通过与设计师互相交流,对稿件整体造型进行修整和完善,以求使作品完美表现出设计师的设计意图(图 10.2)。同时,制作师还需对稿件 3D 打印后所产生的效果、贵金属余量的控制、浇铸成品的好坏等进行一定范围的预判。

(3)将首饰的三维数据输入到 3D 打印机,进行产品打印。就国内而言,首饰打印的材料主要是蜡和光敏树脂,经过一段时间的等待,一件高精度 3D 打

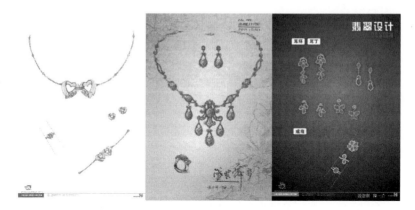

图 10.1　设计师手绘图

图 10.2　CAD 图

印的模型就呈现在眼前。设计师还可以根据蜡样效果对设计图稿重新调整和修改,进行重新打印。图 10.3 为 3D 打印的饰品成品图。

图 10.3　3D 打印成品图

（4）将 3D 打印出来的模型进行植模、浇铸、倒模等一系列工序后，制作成黄金、铂金、白银等不同材质的半成品（图 10.4）。

图 10.4　浇铸及半成品

（5）经过手工修模、打磨、抛光、电镀、镶嵌等一系列工艺手段制作成成品。图 10.5 是饰品成品图。

图 10.5　成品图

经过上述一系列工序，呈现在大家面前的是一件融合 3D 打印技术与艺术、传达设计师创意理念的作品，既精到又耐人寻味的艺术饰品。还可以针对其作品在市场销售以及反馈情况，对其进行一系列的衍生品开发。

在前期建模方面，除了在珠宝设计以及工业设计领域被广泛应用的 Rhino 外，目前有三大主流软件在珠宝首饰产业中应用，它们分别是法国公司 Vision mumeric 所研发的 3Design 软件、美国公司 Gemvision 所研发的 Matrix 软件以及香港公司所研发的 Jewel CAD 软件。由于这几种软件的开发、设计都有其各自的目的及思维，而且针对性强，特色各异，各有优劣。单就现今国内市场来看，在珠宝制作方面应用 Jewel CAD 以及 Rhino 相对较多，Matrix 也有一定应用,还有一些比如珠宝软件 3Design、3D 触觉式设计系统 FreeForm、专业雕刻软件 JDpaint、Artform 等软件配套使用。

在 2013 年上海首饰新锐设计大赛上,针对"摺"这一设计主题,"Cleopatra's EYES"(埃及艳后之眼)作品结合 3D 打印技术,呈现出高贵的气质(图 10.6)。作品通过三角对称的奇特形式、立体炫丽颜色和内壁精致的古埃及壁画浮雕,形成一种时间和空间维度、暖色系(热情、张扬)与冷色系(隽秀、冷艳)之间的强烈对比,呈现出超凡脱俗的个性魅力。

图 10.6　Cleopatra's EYES

3D 打印技术不但在珠宝首饰方面得以运用,在礼品设计方面也有所突破。针对 3D 打印的优势开发出与众不同的作品,真正将产品的设计理念、精细化程度、技术手段发挥到极致。图 10.7 是珠宝首饰业龙头企业老凤祥结合 3D 打印技术开发的精致礼品和建筑微缩模型。

图 10.7　结合 3D 打印技术开发的精致礼品和建筑微缩模型

　　此外,自从 3D 打印技术在各个领域的运用范围不断扩大,个性化、定制化的生产模式逐渐显现,在服饰上也有很广泛的应用。服饰,指衣裳服饰,今泛指身上穿的各种衣裳服装及饰品搭配,统称服饰。其中包括:服装、鞋、帽、袜子、手套、围巾、领带、提包、阳伞以及发饰等。近来,3D 打印技术在服装行业频繁闪现,无论是在巴黎时装周上 3D 打印机制作的服饰,还是在鞋类的 3D 立体技术应用,3D 打印技术已经渐渐"入席"鞋服行业。

　　图 10.8 是著名建筑师 Francis Bitoni 和服装设计师 Michael Schmidt 共同设计的全球首款 3D 打印裙装。这件完全根据客户的身材比例定制的裙装上镶嵌有 13 万颗施华洛世奇水晶,主要部分有 17 个独立结构,近 3000 个定制的铰链结构组成。整件衣服共花费了 3 个多月的时间才制作完成。

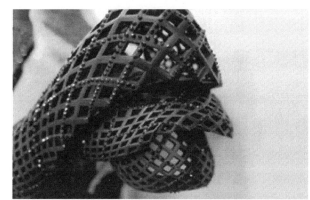

图 10.8　全球首款 3D 打印裙装

　　美国圣地亚哥的一个初创企业 feetZ 准备使用 3D 打印技术为消费者定制鞋子。他们致力于为用户定制独一无二的鞋子,将消费者脚部的数字模型与个性化的鞋子设计相结合,最终用 3D 打印技术完成成品定制,如图 10.9 所示。feetZ 制出的每一双鞋都是独一无二的,用户只需从不同角度拍摄 3 张自己每只脚的照片发送给 FeetZ,然后 FeetZ 使用专业的软件将用户传来的图像转换成电脑三维数据模型,并由专业的设计团队进行修整,利用新型材料和 3D 打印技术,制造出一双牌子为 SizeMe 的鞋。3D 打印的鞋子可以将定制化做到极致。另外,feetZ 也为用户设计一些鞋子的样式和颜色供其挑选。

　　Nike 发布全球第一双 3D 打印跑鞋 Vapor Laser Talon Cleat,New Balance

也发布了第一双 3D 打印技术跑鞋,这款跑鞋在研发时融合了生物力学、动作捕捉、高速摄影等技术以保证提供良好的速度提升、平衡感和敏捷性,如图 10.10 所示。

图 10.9　feetZ 为消费者定制的鞋

图 10.10　New Balance 发布的跑鞋

10.2　卡通动漫

　　3D 打印技术对于个性化产品、创意设计作品,甚至是艺术创作而言可谓是影响深远。我们可以看到现今影视作品中陆续尝试应用 3D 打印技术来提高设计制作效率。过去,动画设计先是在画纸上创作,给角色定型时主要还是依靠泥塑或着石膏模型来观察修正。而如今,可以轻松地通过 3D 打印技术,将设计师脑海中的创意直接在电脑上借助 3D 模型全方位呈现出来,并且直接打印成型。图 10.11 是卡通图片。

图 10.11　卡通图片

2014 年全球玩具巨头孩之宝就宣布与 3D 打印服务公司 Shapeways 合作开发并销售其 3D 打印出来的热门玩具系列——我的小马（My Little Pony），如图 10.12 所示。

图 10.12　3D 打印的小马

《通灵男孩诺曼》（ParaNorman），属于定格动画片，这种传统的电影摄制方法如今和 3D 打印联系在了一起，剧中大量人物表情采用了 3D 打印技术来制作完成（图 10.13）。电影制作人为此创建了一个包含 8800 个面部表情的素材库，根据不同的排序最终生成了大概 150 万个不同的角色面部表情以供使用。

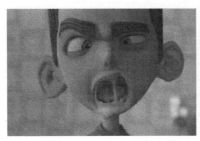

图 10.13　打印的部分表情产品

10.3　雕　　塑

雕塑是一种造型艺术,用雕、刻、塑、堆、贴、焊、敲、编等手段创造出具有一定空间的可视、可触的艺术形象,借以反映社会生活、表达艺术家的审美感受、审美情感、审美理想的艺术。3D 打印技术的发展也潜移默化的影响了艺术家,艺术世界以及艺术作品的生产方式。

美国纽约的街头,由艺术家 Michael Rees 和 Richard Dupont 创作设计的 3D 雕塑高耸于曼哈顿的哥伦布环,与以往的街头雕塑不同,它们是由 3D 打印机制成的艺术作品,如图 10.14 所示。这些 3D 雕塑皆由艺术与设计博物馆赞助,这些作品旨在向世人展示:科技的发展影响着艺术家、艺术世界以及艺术作品的生产方式。

图 10.14　美国纽约 3D 雕塑

艺术家 André Masters 和他的搭档 CJMunn 将传统的雕刻手法和最先进的数字化建模及 3D 打印等手段结合在一起,联手创作了一个美丽的神话作品——"伊卡洛斯的妹妹"(Icarus Had a Sister)。羽毛采用 Stratasys 公司的 Objet Connex 多材料 3D 打印出来,如图 10.15 所示。

图 10.15　作品"伊卡洛斯的妹妹"及羽毛

英国的一位艺术家 Jonty Hurwitz 则利用 3D 打印技术另辟蹊径,创作了一系列大小仅相当于人类头发丝宽度一半的"纳米雕塑",如图 10.16 所示。

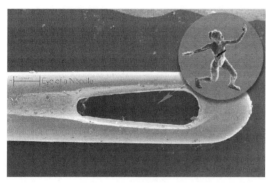

图 10.16　3D 打印出纳米雕塑

10.4　考古与文物保护

博物馆内的文物具有很高的历史价值、文化价值以及科学价值。为了防止其受到损害,通常会用很多复杂的替代品来保护原始作品不受环境或意外事件的伤害,同时这些复制品也能将艺术或文物广泛普及而影响更多的人。虽然受法律的保护,一些作品不能随意复制,但真正能让文物得以传承和发展,3D 打印技术无疑是一条最有效的途径之一,其在考古、文物保护以及修复领域发挥了重要作用。

　　来自加州的 Fathom 工作室的设计师,联手其他来自旧金山的当地公司重建了著名的圣母怜子雕塑等米开朗基罗的一系列作品(图 10.17),用艺术的形式保护文艺复兴时期大师级的作品。米开朗基罗的作品完美的限量版复制品正在世界各地被重建。合作制作的公司还有金属铸造公司 Artworks Foundry 和 3D 扫描公司 Scansite,这几家公司发挥各自的特长,将创造完成有史以来最先进的复制项目。3D 扫描和 3D 打印的技术组合重现经典,让世界瞩目,比传统制作方式更准确、更具可持续性。

图 10.17　米开朗基罗的作品

10.5　建　　筑

　　3D 打印建筑是通过 3D 打印技术建造起来的建筑物,由一个巨型的三维挤出机械构成,挤压头上使用齿轮传动装置来为房屋创建基础和墙壁,直接制造出建筑物。3D 打印建筑可以大大降低制造的门槛和时间周期,同时也能够更好地满足消费者个性化、定制化的需求。建筑设计师设计的任何复杂的、高难度的、传统制造方式不能或者不易生产的产品,利用 3D 打印都可以轻松地打印出来。

　　世界上首座打印建筑由荷兰建筑师 Janjaap Ruijssenaars 提出并完成打

印,他受莫比乌斯环的启发,将房屋设计成自环绕式,房屋的内壁面能够扭转成外壁面和拱背。该设计由 Ruijssenaars 和美术家、数学家 RinusRoelofs 共同创作完成,并与 D-Shape 3D 打印机创始人、意大利发明家 Dini 合作,利用 3D 打印机逐块打印出来,这些模块由沙子和无机黏结剂组成,每一块框架模块的尺寸达到了 6m×9m,使用钢纤维混凝土填充,然后拼接成一个整体建筑。因其造型类似莫比乌斯环的外形,与风景一样都能给予人柔顺、流畅的感官享受,得名为 Landscape House(风景屋)。图 10.18 为打印的建筑图。

图 10.18　首座打印建筑 Landscape House(风景屋)

上海盈创装饰设计工程有限公司已经完成了目前全球最高的 3D 打印建筑——一栋 5 层高的住宅楼,以及全球首个 3D 打印的别墅,该别墅建筑面积达 1100m²,如图 10.19 所示。建筑的墙体由大型 3D 打印机喷绘而成,呈现出年轮蛋糕般的螺纹结构,而打印使用的"油墨"则用回收的建筑垃圾、玻璃纤维和水泥的混合物制成。采用 3D 打印机打印建筑使得生产效率成倍提高,甚至同时可以在生产过程中降低 30%～70% 的能耗,节约人工成本及缩短工期。在提高生产效率、降低能耗、不影响质量的同时,也使得建筑施工变得干净、紧凑、环保。

2015 年,总部位于加州的设计工作室 Emerging Objects 设计出了一个新

图 10.19　3D打印别墅

的作品,名为"Bloom"(绽放),如图 10.20 所示。模型制作时使用了一种非常适
合 3D打印的材料——铁与抗氧化水泥的聚合物复合材料。这个展品的尺寸
为 12ft(宽)×12ft(深)×9ft(高)。总共使用了 840 块定制的水泥砖块,展示出
了 3D打印在建筑方面的无限潜力。

图 10.20　作品 Bloom(绽放)

10.6　食品领域

3D 食物打印机,是一款将食物"打印"出来的机器。它使用的并不是传统意义上的墨盒,而是把食物的材料和配料预先放入容器内,再输入食谱,直接打印即可,余下的烹制程序也会由它去做,输出来的不是一张又一张的文件,而是真正可以吃下肚的食物。它采用的是一种全新的电子蓝图系统,不仅方便打印食物,而且可以帮助人们根据自己的需求,设计出不同样式、不同种类的食物。打印机所使用的"墨水"均为可食用性的原料,如巧克力汁、面糊、奶酪等。在电脑上画好食物的样式图并配好原料,电子蓝图系统便会显示出打印机的操作步骤,完成食物的整个打印过程,方便快捷。

3D 食物打印机具备很多优点:让厨师开发出更多的新菜品,制作个性美食,满足不同消费者的需求。打印机的"墨水"由于是液化的原材料,能够得到很好地保存。可以根据自己的口味、爱好、需要营养的摄取对食谱做不同程度的调整,按照自己的需求打印相应的食物。还可随心所欲地"打印"出不同形态的食物,简化食物的制作过程,同时能够制作出更加营养、健康、有趣的食品。打印机制作食物可以大幅缩减从原材料到成品的环节,从而避免食物加工、运输、包装等环节的不利影响。

2015 年 4 月 21 日,第一届 3D 食品打印大会在荷兰举行。图 10.21 为部分打印出的食品。

图 10.21　各式各样的 3D 打印美食

10.7　纹　饰　灯　具

　　布鲁克林设计师 Robert Debbane 用 3D 打印技术创作了一组雕琢精致的纹饰灯具,这套灯具结合了传统手工艺与现今数码科技,在 2015 年纽约设计周期间的"wanted 设计博览会"(wanted design fair)上亮相,由吊灯、台灯和枝形吊灯等多种形式组成,图 10.22 是所设计的台灯。

(a)有灯光　　　　　　　　　　　　　　(b)无灯光

图 10.22　卡拉狄加台灯(galactica table lamp)

10.8　特色瓷砖背景墙

　　随着人们对物质需求、生活品质的日益提高,对居家环境、家居装饰、生活品味也逐步提升。近几年,家居装饰行业发展迅猛,特别是新型瓷砖、背景墙装饰更是受到万千家庭的喜爱。这种利用 3D 打印技术制造的瓷砖背景墙不仅外观美观精致、大方得体,让人赏心悦目,而且画面逼真、栩栩如生、用于客厅、卧室、书房等背景装饰,增添了生活情调。图 10.23 是 3D 打印的电视背景墙。

　　总的来说,3D 打印在文化创意产业领域的应用才刚刚起步,仍有很大的发展空间,也有很多问题需要解决和改进。相信在不久的将来,随着科技发展,3D 打印技术能真正融入到我们生活中的各个方面。

图 10.23　3D 打印电视背景墙

参 考 文 献

陈坚伟,张迪.2013.3D打印技术医学应用综述与展望.电脑知识与技术,15(9):3632-3633.

姜杰,朱莉娅,杨建飞,等.2014.3D打印技术在医学领域的应用与展望.机械设计与制造工程,43(11):5-9.

李涤尘,刘佳煜,王延杰,等.2014.4D打印——智能材料的增材制造技术.机电工程技术,43(5):1-9.

李珈萱,乌日开西·艾依提,赵梦雅,等.2013.3D打印技术助力临床医学的发展.电脑知识与技术,32(9):7323-7326.

李鉴轶.2014.3D打印技术促进临床医学发展.中国临床解剖学杂志,15(3):241-242.

林燕萍.3D打印汽车Start,走上纽约街头个性化定制汽车越来越受欢迎//上海市决策委.3D打印技术趋势对上海带来的挑战.上海:上海产业技术研究院,2012.

沈聪聪,张艳,李青峰,等.2014.3D打印技术制备人工骨修复下颌角截骨整形术后骨缺损.中国修复重建外科杂志,300-303.

网络.http://www.laserfair.com[2015-08-14].

夏煜,张和华,向华,等.2015.3D打印技术研究进展及其在医学装备中的应用展望.医疗卫生装备,36(4):108-110.

张海荣,鱼泳.2015.3D打印技术在医学领域的应用.医疗卫生装备,36(3):118-120.

中国3D打印网.http://www.3ddayin.net[2015-08-01].

周长春,王科峰,肖占文,等.2014.3D打印技术在生物医学工程中的研究及应用.科技创新与应用,(21):41-42.

周伟民,闵国全,李小丽.2014.3D打印医学.组织工程与重建外科杂志,(1):1-5.

Admin.天工社http://maker8.com[2015-08-01].

Additive Manufacturing Opportunities in the Automotive Industry. Smartech MarketsPublishing, 2014,12.

Brookes K J A. 2015. 3D printing materials in Maastricht. Metal Powder Report,70:68-78.

CaoXue. http://www.zhulong.com[2015-06-02].

Chae M P, Lin F, Spychal R T, et al. 2015. 3D-printed haptic"reverse"models for preoperative planning in soft tissue reconstruction:A case report. Microsurgery,35:148-153.

Ebert L C, Thali M J, Ross S. 2011. Getting in touch——3D printing in Forensic Imaging. Forensic Science International,211(1-3):1-6.

EOS. Tooling:Innomin accelerates production and reduces maintence. http://www.eos.info/press/case_studies/Innomia[2015-7-1].

Hespel A M, Wilhite R, Hudson J. 2014. Invited review——Applications for 3D printers in veterinary medicine. Vet Radiol Ultrasound, 55:347-358.

Itagaki M W. 2015. Using 3D printed models for planning and guidance during endovascular intervention:A technical advance. Diagnostic Interventional Radiology, 21:338-341.

Klein G T, Lu Y, Wang M Y. 2013. 3D printing and neurosurgery——ready for prime time? World Neurosurgery, 80:233-235.

Markstedt K, Mantas A, Tournier I, et al. 2015. 3D bioprinting human chondrocytes with nanocellulose-alginate bioink for cartilage tissue engineering applications. Biomacromolecules, 16:1489-1496.

Murphy S V, Atala A. 2014, 3D bioprinting of tissues and organs. Nat Biotechnol, 32:773-785.

Peloso A, Katari R, Murphy S V, et al. 2015. Prospect for kidney bioengineering:Shortcomings of the status quo. Expert Opinion on Biological Therapy, 15:547-558.

Qu M, Hou Y K, Xu Y R, et al. 2015. Precise positioning of an intraoral distractor using augmented reality in patients with hemifacial microsomia. Journal of Cranio-Maxillofacial Surgery, 43:106-112.

Shen C, Yao CA, Magee W, et al. 2015. Presurgical nasoalveolar molding for cleft lip and palate:The application of digitally designed molds. Plast Reconstr Surg, 135:1007-1015.

Stratasys. http://www. shapeways. com [2015-08-15].

Villar G, Graham A D, Bayley H. 2013. A tissue-like printed material. Science, 340:48-52.

Wohlers A, Terry W, Tim C. 2014. Additive manufacturing and 3D printing state of the industry annual worldwide progress report. Oakridge Business Park, Colorado, USA.

Wu X B, Wang JQ, Zhao CP, et al. 2015. Printed three-dimensional anatomic templates for virtual preoperative planning before reconstruction of old pelvic injuries:Initial results. Chinese Medical Journal, 128:477-482.

Xu L, Gutbrod S R, Bonifas A P, et al. 2014. 3D multifunctional integumentary membranes for spatiotemporal cardiac measurements and stimulation across the entire epicardium. Nature Communications, 5:3329.

Zhu M, Chai G, Zhang Y, et al. 2011. Registration strategy using occlusal splint based on augmented reality for mandibular angle oblique split osteotomy. Journal of Craniofacial Surgery, 22:1806-1809.

Zopf D A, Hollister S J, Nelson M E, et al. 2013. Bioresorbable airway splint created with a three-dimensional printer. New England Journal of Medicine, 368:2043-2045.

Zuniga J, Katsavelis D, Peck J, et al. 2015. Cyborg beast:A low-cost 3d-printed prosthetic hand for children with upper-limb differences. BMC Res Notes, 8:10.